农业废弃物肥料化利用范例和装备选型

NONGYE FEIQIWU FEILIAOHUA LIYONG FANLI HE ZHUANGBEI XUANXING

陈永生　吴爱兵　主编

中国农业出版社
北　京

农业废弃物肥料化利用范例和装备选型

农业 | 废弃物肥料化利用范例和装备选型
NONGYE FEIQIWU FEILIAOHUA LIYONG FANLI HE ZHUANGBEI XUANXING

编写人员

主　编： 陈永生　吴爱兵

副主编： 齐自成　柴立平

参编者（以姓氏笔画为序）：

马　标　王振伟　王鹏军　付菁菁　刘先才

许斌星　李瑞容　曲浩丽　陈明江　赵维松

钟成义　曹　杰　谢　虎　韩柏和

前言

当前，我国农业农村经济已经到了推进高质量发展的新阶段，实现农业废弃物更加科学、更加高效和更有价值利用，是农业农村发展新阶段的一项新课题。农业废弃物的处理利用事关我国耕地质量保护与提升，事关农村突出环境问题治理与生态宜居，事关种养结合生态循环农业发展，是新时代"三农"工作的重要内容。

农业废弃物并非无用之物，而是十分重要的农业资源。当前，我国农业废弃物综合利用率还不到60%，推进农业废弃物综合利用仍然任重道远。肥料化利用是农业废弃物综合利用最主要的途径，对于治理乡村环境、维护土壤肥力、提升农产品品质具有不可替代的作用。尽管农业废弃物肥料化利用相对其他处理方式对原料预处理要求低、转化过程相对简单、装备总投入较少、运行维护成本较低，然而也要看到农业废弃物种类繁多、分布散乱、成分复杂，且各地土壤对肥料需求也不尽相同。推进农业废弃物肥料化利用，必须适应现代农业发展，尤其需要科技引领、装备支撑、产业保障。

本书基于农业废弃物利用现状和有机肥产业变革的趋势，总结了农业废弃物肥料化利用的主要模式、工艺流程和装备技术，系统介绍了主要环节典型装备，并附有农业废弃物生产有机肥案例，旨在为促进我国农业废弃物肥料化利用提供参考。

全书共分五章：第一章为农业废弃物肥料化利用模式，主要介绍了农业废弃物肥料化利用的堆肥方式、堆肥发酵工艺和国内较常采用的堆肥技术模式；第二章为农业废弃物堆肥装备，主要介绍了农业废弃物原料预处理以及堆肥的装备；第三章为商品化有机肥生产及加工装备，分别介绍了固体有机肥和液体有机肥生产及加工的装备，包括生产加工固体有机肥的一系列粉碎、筛分、混合、造粒、冷却和包装设备，以及生产有机废弃物发酵和低营养液体肥料的装备；第四章为有机肥还田施用装备，按照撒肥部件和还田方式分别介绍了固体有机肥和液体有机肥还田施用的装备；第五章为农业废弃物肥料化利用范例，对处理不同畜禽粪便和农作物秸秆生产有机肥的国内四个典型公司进行了简略介绍，包括生产工艺流程和每道工序所配备的设备。

本书编写得到了相关单位和专家的支持，山东沃泰生物科技有限公司、江苏太仓绿丰农业资源开发有限公司、江苏海门兴农生物科技公司、湖北宇祥楚宏生物科技有限公司提供了丰富的资料，在此深表感谢！

编　者

2019年9月

目 录

前言

第一章　农业废弃物肥料化利用模式 …… 1

1.1　农业废弃物肥料化利用方式 …… 1

1.1.1　好氧发酵堆肥 …… 1

1.1.2　厌氧发酵堆肥 …… 3

1.2　农业废弃物堆肥发酵工艺 …… 3

1.2.1　条垛式堆肥工艺 …… 3

1.2.2　槽式堆肥工艺 …… 3

1.2.3　反应器堆肥工艺 …… 4

1.3　农业废弃物堆肥技术模式 …… 5

1.3.1　工厂化集中处理方式 …… 5

1.3.2　就地化处理方式 …… 8

第二章　农业废弃物堆肥装备 …… 9

2.1　原料预处理装备 …… 9

2.1.1　原料均质化装备 …… 9

2.1.2　畜禽粪便固液分离设备 …… 15

2.1.3　定量给料机 …… 18

2.2　堆肥装备 …… 19

2.2.1　常温堆肥翻抛装备 …… 19

2.2.2　快速堆肥反应装置 …… 24

第三章　商品化有机肥生产及加工装备 …… 30

3.1　固体有机肥生产加工装备 …… 30

3.1.1　粉碎装备 …… 30

3.1.2 筛分装备 ……31
3.1.3 混合搅拌装备 ……37
3.1.4 制粒装备 ……39
3.1.5 冷却装备 ……46
3.1.6 包装装备 ……48

3.2 液肥生产加工装备 ……50

3.2.1 有机废弃物发酵生产液肥装备 ……50
3.2.2 低营养液体加工生产有机液肥装备 ……51

第四章 有机肥还田施用装备 ……54

4.1 固体有机肥撒施机 ……54

4.1.1 横辊破碎后抛式撒肥机 ……54
4.1.2 立辊破碎后抛式撒肥机 ……58
4.1.3 圆盘式撒肥机 ……60
4.1.4 侧抛式撒肥机 ……65
4.1.5 开沟施肥机 ……68
4.1.6 刀辊破碎圆盘撒肥机 ……70

4.2 有机液肥还田装备 ……72

4.2.1 有机液肥直接喷洒式还田装备 ……72
4.2.2 有机液肥滴流管式还田装备 ……74
4.2.3 有机液肥浅/深施式还田装备 ……75
4.2.4 有机液肥拖管式还田装备 ……79

第五章 农业废弃物肥料化利用范例 ……81

5.1 山东沃泰生物科技有限公司蔬菜秸秆、畜禽粪便机械化槽式发酵生产有机肥范例 ……81
5.2 太仓绿丰农业资源开发有限公司稻麦秸秆、畜禽粪便机械化条垛式发酵生产有机肥范例 ……86
5.3 海门兴农生物科技公司利用牛粪、农作物秸秆机械化生产有机肥范例 ……87
5.4 湖北宇祥楚宏生物科技有限公司利用秸秆、谷壳粉、鸡粪机械化生产有机肥范例 ……89

第一章 农业废弃物肥料化利用模式

1.1 农业废弃物肥料化利用方式

农业废弃物中含有大量有机物及丰富的氮、磷、钾等营养物质，是农业可持续发展的宝贵资源，将废弃物经适当处理制成肥料，既是良好的农业肥源，也是解决农业废弃物面源污染的有效途径。目前，农业废弃物肥料化利用多是采用堆肥法，一般通过好氧发酵堆肥和厌氧发酵堆肥的方式，通过调节碳氮比（C/N），控制适当的水分、温度、酸碱度等使畜禽粪便和秸秆等农业有机废弃物发生生物化学降解，形成一种类似腐殖质的物质，可用作肥料或土壤改良剂。

1.1.1 好氧发酵堆肥

1.1.1.1 好氧发酵堆肥定义

好氧发酵堆肥是在有氧条件下，好氧微生物对农业有机废弃物进行氧化、分解、吸收，并通过自身的生命活动，把一部分被吸收的有机物氧化成简单的无机物，同时释放出可供微生物生长活动所需的能量，而另一部分有机物则被合成新的细胞质，使微生物不断生长繁殖，产生出更多生物体的过程。

1.1.1.2 好氧发酵堆肥原理

好氧堆肥是在有氧条件下，利用好氧微生物（主要为好氧菌）的作用进行堆肥的腐熟发酵。在堆肥过程中，农业有机废弃物中可溶解性有机物质透过微生物的细胞壁和细胞膜被微生物吸收；固体状和胶状有机物先附着在微生物体外，由微生物所分泌的胞外酶分解为可溶解性物质后再渗入细胞，微生物通过自身的生命活动——氧化、还原、合成等过程，把部分被吸收的有机物氧化成简单的无机物，并释放出微生物生长活动所需要的能量，同时微生物还可把部分有机物转化为微生物所必需的营养物质，合成新的细胞物质，于是微生物逐渐生长繁殖，产生更多的生物体。

在有机物生化降解的同时，伴有热量产生，堆肥工艺中该热能不会全部散发到环境中，就必然造成堆肥物料的温度升高，使得不耐高温的微生物死亡，耐高温的细菌快速繁殖。生态动力学表明，好氧分解中发挥主要作用的是菌体硕大、性能活泼的嗜热细菌群。该菌群在大量氧分子存在下将有机物氧化分解，同时释放出大量能量。因此，好氧堆肥过程可分为三个阶段：起始阶段、高温阶段和常温熟化阶段，具有两次升温过程。

1.1.1.3 好氧发酵堆肥工艺流程

好氧发酵堆肥工艺流程：原料预处理→高温腐熟发酵→常温腐熟发酵→分选加工处理→储存→肥料。

（1）*原料的预处理*：包括秸秆、粪便等废弃物原料的分选、破碎以及含水率和碳氮比的调整等。首先去除秸秆等农业废弃物中的金属、玻璃、塑料等杂质，并破碎到大小25mm左右的粒度，再选择当地适宜的农业废弃物堆肥原料进行配料，调整水分和碳氮比，添加促进废弃物腐熟的适宜微生物菌剂，同时将混合物含水率调整到55% ~ 60%，碳氮比调整到（25 ~ 30）：1。

（2）*高温腐熟发酵*：分为起始阶段和高温阶段。在原料按照堆肥要求混合调配后开始堆肥，为起始阶段，此阶段中不耐高温的嗜温性真菌、细菌和放线菌等微生物利用堆层中的可溶性有机物（如糖类、淀粉、氨基酸等）进行旺盛的生命活动，分解有机物中易降解的碳水化合物、脂肪等，同时释放热量使温度逐渐升高，通常情况下，堆层温度在24 ~ 48h内可由15℃上升到45℃以上，进入高温阶段。在高温腐熟阶段，堆层中耐高温微生物迅速繁殖，在有氧条件下，微生物旺盛的生命活动促进温度不断上升，温度的升高抑制了嗜温性微生物的生命活动甚至死亡，而各种嗜热性微生物进入旺盛生长期，强烈氧化分解堆层中大部分较难降解的纤维素、半纤维素和蛋白质等，同时释放大量热能，使温度短期内上升至60 ~ 80℃，甚至更高。在此阶段需对堆肥物料进行增氧曝气和翻堆，适当控制发酵物料的温度，保证足够氧气和微生物活性，加速氧化分解，同时也对物料进行破碎，增加透气性，并将水分进行挥发，此阶段一般持续7 ~ 15d。在堆肥发酵的后期，有机物基本完全降解，堆层中可被微生物分解与利用的物质所剩无几，发酵环境仅剩部分较难分解的有机物和新形成的腐殖质，嗜热菌因缺乏养料而停止生长，此时堆肥嗜热性微生物代谢活动明显下降，发热量和需氧量明显减少，环境温度下降。当温度降至45℃以下时，部分存活的嗜热性真菌、细菌和放线菌对发酵环境中剩余的难以分解的有机物进行再分解。此时腐殖质不断增多，堆肥进入腐熟阶段。

（3）*常温腐熟发酵*：经过高温发酵腐熟的物料，温度在38℃左右，含水率40%左右，此时有机固体废弃物尚未完全腐熟，仍需要进行常温腐熟，其主要作用是将剩余大分子有机物进行进一步分解、稳定、干燥等，此阶段一般需要15 ~ 20d。当堆肥温度稳定到自然温度，堆肥腐熟形成腐殖质，含水率低于30%，便可进行储存或加工生产商品有机肥。

（4）分选加工与储存：完全发酵腐熟的有机物经过二次清选塑料、石块等杂质后，可以进行堆垛和装袋储存，也可经过养分配比加工后，生产各类专用商品有机肥。

1.1.2 厌氧发酵堆肥

在不通气的厌氧状态下，利用微生物将农业有机废弃物进行厌氧发酵，转化为甲烷和氨，制成有机肥料，是固体废弃物无害化的过程。厌氧堆肥堆体内不设通气系统，堆体温度低，腐熟及无害化时间较长，臭味大，能耗低。但厌氧堆肥法具有简便、省工的优点，在不急需用肥或劳力紧张的情况下可以采用。一般厌氧堆肥要求封堆后1个月左右翻堆1次，以利于微生物活动使堆料腐熟。

1.2 农业废弃物堆肥发酵工艺

1.2.1 条垛式堆肥工艺

条垛式堆肥是将需要堆置的粪便、秸秆等农业废弃物混合物料在土质或水泥地面上堆成长条形的堆或三菱形条垛形状，在好氧条件下进行微生物的分解发酵。

条垛式堆肥的优点是：设备投资成本低，堆肥运行成本低，技术简便易行，操作简单，堆垛长度和形状可根据堆肥原料量自由调节。缺点是：堆垛高度通常为1 ~ 3m，宽度2 ~ 8m，长度30 ~ 100m，占地面积相对较大；堆垛发酵和腐熟较慢，堆肥周期较长。如果在露天进行条垛式堆肥，不仅排放臭气，且易受降水等不良天气的影响，因此建议在简易大棚中进行，以便臭气的收集和处理。条垛式堆肥的氧气主要是靠条垛发酵升温产生热气上升形成的自然通风或是通过曝气管道强制通风来供应。条垛需进行周期性翻动，以促进全面发酵腐熟。

条垛式堆肥的翻堆机械主要有轮式和履带式自走螺旋滚筒翻堆机、牵引式螺旋滚筒翻堆机、自走式或牵引式链板翻堆机等。

1.2.2 槽式堆肥工艺

槽式堆肥是将预处理后的秸秆、粪便等农业废弃物堆料混合物放置在长而窄的“槽”形通道内进行发酵的堆肥工艺。一般在发酵槽的两边墙壁上部铺设布料系统和翻堆机行走的导轨，在导轨上的翻堆机可对物料进行翻堆；在发酵槽底部铺设增氧曝气管道，通过智能控制系统对发酵物料进行增氧曝气，是将可控增氧曝气系统和定期翻堆搅动部件相结合的一种好氧发酵堆肥系统。

发酵槽的宽度一般为4 ~ 20m，槽中堆料深度为1.0 ~ 2.5m，发酵槽长度依据不同物料发酵工艺需要可任意设定，一般以30 ~ 100m为宜。槽式堆肥的优点是：农业废弃物堆肥处理量大、发酵周期短，通常在封闭半封闭的车间内进行，发酵过程中臭气可以进行收集处理，可有效减少堆肥二次污染。缺点是：基础设施和装备投资成本、运行费用及装备配置功率负荷较高。槽式堆肥适用于大批量的粪便堆肥处理。

根据发酵物料的移动方式，可以将槽式发酵工艺分为连续式槽式堆肥和整池进出式槽式堆肥。连续式槽式堆肥工艺是：堆肥物料在发酵槽中通过链板式翻堆机的翻堆实现移位，一般翻堆一次将物料向前移位3 ~ 4m，同时可使用布料机或者铲车将空出的位置布满新鲜的物料。当物料基本腐熟时，正好将物料移出发酵槽，实现发酵物料的连续化堆肥。这种发酵堆肥系统自动化程度高、操作简便、能耗低、节约劳动力，是目前槽式堆肥中普遍使用的堆肥工艺。整池进出式槽式堆肥工艺是：将物料通过布料机或者铲车一次性布满发酵槽，通过翻堆机和增氧曝气系统使物料增氧、破碎，并保持孔隙度，促进好氧发酵分解，物料在整个发酵堆肥过程中不发生相对位移，或者位移幅度较小，待发酵完成物料基本腐熟后，通过自动出料系统或者铲车将物料整池清理出去，再进行下一轮的发酵堆肥。这种发酵堆肥系统相对于连续式槽式堆肥发酵周期长，腐熟程度高，节约劳动力。

槽式堆肥的翻堆机主要有槽式桨叶翻堆机、槽式螺杆翻堆机、槽式旋齿翻堆机、槽式链板翻堆机、槽式滚筒翻堆机等，并配备翻堆机移位换池车，可以实现一机多槽使用，减少装备投资，提高装备利用率。大部分槽式堆肥企业，为达到快速堆肥的目的，都配备槽式发酵增氧曝气系统，规模化的堆肥工厂还配备自动布料出料系统，实现高速高效工厂化生产。

1.2.3 反应器堆肥工艺

堆肥反应器是一种集废弃物收集、存储及发酵腐熟功能于一体的好氧堆肥装置，具有改善和促进微生物新陈代谢的功能，在发酵过程中通过运行物料翻堆搅动、增氧曝气、混合、除臭、协助吹送热风等装置以及控制反应器内物料发酵的温度和含水率，同时实现对物料的上料、内部移动、出料等作业，实现农业废弃物发酵堆肥高效率、缩短发酵周期、减少二次污染，实现智能化、自动化、机械化堆肥生产。广泛适用于各类中小型养殖场和对环境要求较高的城镇乡村、生活污水处理厂等，可用于畜禽粪便、餐厨垃圾和残枝落叶等各类有机固体废弃物的日常堆肥处理。

堆肥反应器的类型主要有立式堆肥发酵塔、卧式堆肥发酵滚筒、筒仓式堆肥发酵仓和箱式堆肥发酵池。立式堆肥发酵塔又可分为立式多层板闭和门式、立式多层浆叶刮板式、立式多层移动床式；筒仓式堆肥发酵仓可分为筒仓式静态发酵仓和筒仓式动态发酵仓；箱式堆肥发酵池可分为矩形固定式犁翻倒式发酵池、扇斗翻倒式发酵池、吊车翻倒式发酵池和卧式浆叶发酵池。

图1-1 有机肥立式发酵塔

1.2.3.1 立式堆肥发酵塔

立式堆肥发酵塔通常由5 ~ 8层组成，新鲜的畜禽粪便等废弃物、发酵腐熟菌剂以及秸秆辅料等混合均匀后由上料系统提升到发酵塔的顶部，由塔顶进入塔内发酵仓，堆肥物料间歇性或连续性地进入塔内，塔内堆肥通过不同形式的翻动、通风等机械运动，由塔顶一层层地向塔底移动。一般经过7 ~ 10d的好氧发酵，堆肥物料即由塔顶移至塔底而完成一次发酵。

立式堆肥发酵塔通常为密闭结构，塔内温度分布为从上层至下层逐渐升高，即最下层温度最高。为了保证各层微生物的活性以及维持塔内各层适宜微生物活动的最佳温度和最佳通气量，塔式装置的供氧通常以风机强制通风，通过安装在塔身一侧不同高度的通风口将空气定量通入塔内以满足微生物对氧的需求。图1-1为郑州荣亦信环保科技有限公司生产的有机肥立式发酵塔。

1.2.3.2　卧式堆肥发酵滚筒

卧式堆肥发酵滚筒主体设备一般为长20 ~ 35m，直径2 ~ 3.5m的卧式滚筒。在该发酵装置中，废弃物依靠与筒体内表面的摩擦沿旋转方向提升并借助自重落下。通过如此反复升落，废弃物被均匀地翻动且与风机吹入的空气相接触，经好氧微生物的作用进行分解发酵。卧式堆肥发酵滚筒通常由出料端提供新鲜空气，原料在滚筒中翻动时与空气混合在一起，空气的流动方向与物料的运动方向相反。在此装置中完成全程发酵一般需要2 ~ 5d。

1.2.3.3　筒仓式堆肥反应罐

筒仓式堆肥反应罐是一种通过自动上料装置将物料提升到顶部，由底部卸料出肥的堆肥筒仓，其上部有进料口和散刮装置，下部有螺杆出料机，通过螺旋桨叶搅动混合堆肥物料，并通过桨叶进行通风曝气，从底部卸出堆肥。发酵仓内供氧均采用高压离心风机从底部强制供气，以维持仓内堆肥好氧发酵；在顶部收集废气并进入处理装置进行除臭处理。一般发酵7 ~ 12d即可得到初步腐熟的堆肥。

1.3　农业废弃物堆肥技术模式

农业废弃物种类多，不同的原料对运输需求不同，同时农业废弃物堆肥过程中产生沼气、臭味等物质，给周边环境带来了一定的压力。因此，农业废弃物的堆肥处理方式需满足原料的运输便利性与周边环境协调性，可分为工厂化集中处理与就地化处理两大类。

1.3.1　工厂化集中处理方式

1.3.1.1　工厂化槽式连续好氧堆肥技术模式

工厂化槽式连续好氧堆肥工艺流程见图1-2。

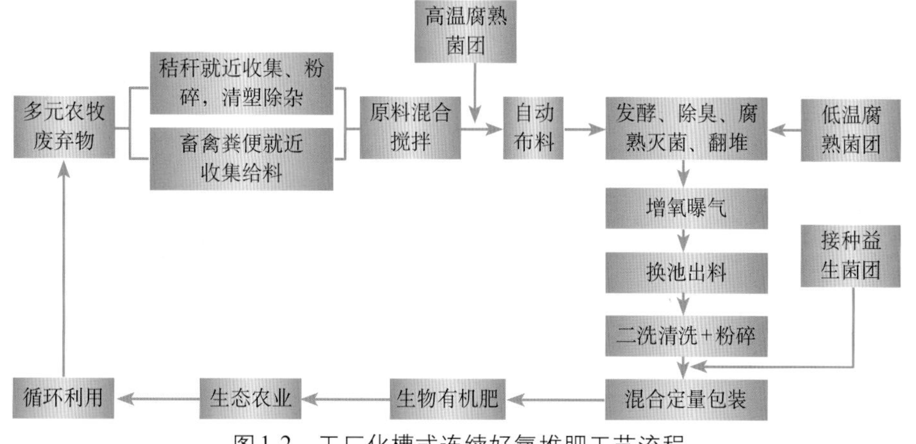

图1-2　工厂化槽式连续好氧堆肥工艺流程

◆ **技术特点**

（1）适合于秸秆、畜禽粪便等农业废弃物预处理较好的有机物料。

（2）适用于蔬菜等种植集中区域、中小型畜禽养殖集中区域的农牧废弃物处理。由收储车或管道输送新鲜的农牧废弃物到处理中心。处理中心占地少，无废弃物暂存场地，须随时处理，可减少二次污染。

（3）原料范围涵盖农业秸秆类、园林灌木类、果园枝条类以及中小型畜禽养殖场废弃物等。由政府或第三方投资运营集中工厂化处理；

（4）处理后的物料为高有机质原料，深加工后可生产高质量生物有机肥，对高效处理农业废弃物、促进循环生态农业的发展具有重要作用。

（5）前期原料粉碎除杂，配备生物除臭腐熟菌团生物降解，秸秆粪尿一体化好氧发酵，无废水与废气产生，无二次污染，减量化显著。

（6）配备专用装备及生产线，依据规模及物料特点，定制化设计与产业化复制。

1.3.1.2 工厂化整池深池好氧堆肥技术模式

工厂化整池深池连续好氧堆肥工艺流程见图1-3。

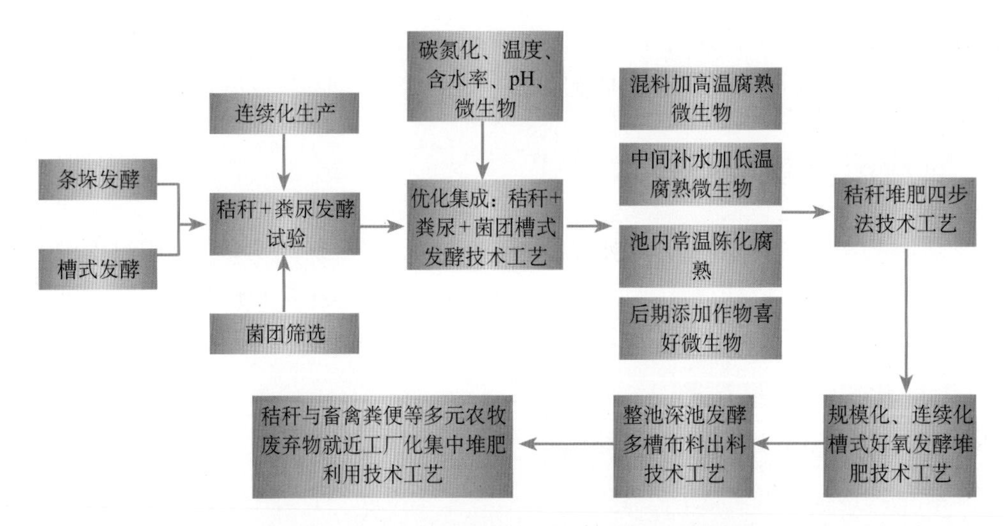

图1-3 工厂化整池深池连续好氧堆肥工艺流程

◆ **技术特点**

（1）适合于秸秆、畜禽粪便等预处理较好的有机物料。

（2）适合于种植区域集中、收储季节性较强的蔬菜种植区、农作物种植区，以及区域内大多为中小规模养殖，建有一定粪污储量的储粪池，定期由处理中心（环卫）进行收储的养殖场，需要集中大批量规模化处理秸秆和畜禽粪便的区域有机废弃物。

（3）由专用收储车收储畜禽粪便，当地配套秸秆利用政策扶持循环利用，由专业秸秆收储队或由农户自行分捡后送到处理中心。处理中心需要有配套秸秆储存场地和建有一定规模的畜禽粪便储存池。

（4）适合所有规模化有机物料的好氧发酵堆肥。

1.3.1.3　微工厂化就地处理好氧发酵堆肥利用技术模式

微工厂化就地处理好氧发酵堆肥工艺流程见图1-4。

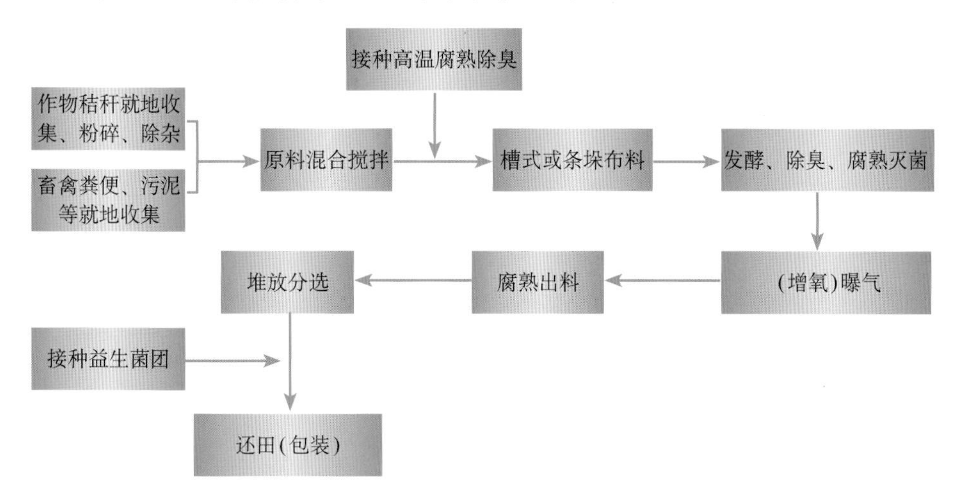

图1-4　微工厂化就地处理好氧发酵堆肥工艺流程

◆ **技术特点**

（1）适合于秸秆、畜禽粪便等农业废弃物原位简单处理的有机物料堆肥。

（2）适合于规模化农场、生态园区、果园种植大户（合作社）、新型生态小镇（村）等农牧业、有机生活垃圾等堆肥还田。

（3）原位处理、就地堆肥、就地还田培肥地力，简单易行，成本低廉。

（4）需要在田间地头预留废弃物处理空地，也可在农闲季节利用农闲地进行堆肥。

1.3.1.4　工厂化条垛式堆肥技术模式

工厂化条垛式堆肥工艺流程见图1-5。

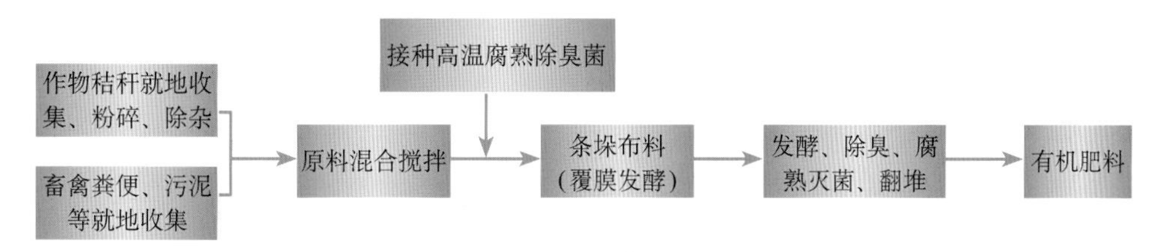

图1-5　工厂化条垛式堆肥工艺流程

◆ **技术特点**

（1）主要适合于南方秸秆、畜禽粪便等已经破碎较好的有机物料，也适合于北方有条件的地方畜禽粪便及秸秆粉碎联合堆肥。

（2）占地面积较大，堆肥效率低于槽式堆肥，作业环境恶劣。室内条垛式堆肥需要做好除臭等通风设施，保持室内空气畅通；室外条垛式堆肥需要做好周边环境调查，防止二次污染影响生产。

（3）投资小，工艺相对简单，但易造成腐熟不彻底、二次污染严重。

1.3.2 就地化处理方式

◆ **技术特点**

(1) 适合原料范围广，可采用一种有机物料（如秸秆），也可采用多种有机物料（如粪便、秸秆、树枝等）一体化混合发酵进行堆垛或者堆放发酵槽工艺，也可使用一体式发酵反应罐进行发酵处理。对于树枝、木质素含量高的秸秆类，有条件的最好粉碎，可有效缩短堆肥周期，提高堆肥效果。

(2) 简单易行，适合广大农村农田与菜园、果园废弃物就地化堆肥还田，改良土壤，培肥地力，发展生态农业。

(3) 堆肥过程基本无二次污染，清洁化堆肥。

(4) 工艺简单，最大限度使用农村现有农业机械装备，可以大幅度减轻农村有机废弃物堆肥还田的成本。

第二章 农业废弃物堆肥装备

2.1 原料预处理装备

原料预处理是影响堆肥进程、发酵腐熟程度以及堆肥质量的关键环节，堆肥中常用的原料预处理装备主要有原料均质化装备和畜禽粪便固液分离设备。

2.1.1 原料均质化装备

原料均质化装备是对纤维类原料进行破碎均质的装备，通常也称为秸秆粉碎机，主要用于作物秸秆、牧草、树枝等生物质材料的切碎加工。按照工作原理可分为锤片式粉碎机、盘刀式铡切机、辊刀式铡切机和低速剪切式粉碎机。

2.1.1.1 锤片式粉碎机

◆ **功能及特点**

锤式粉碎机主要依靠冲击作用来破碎物料。物料进入锤式粉碎机中受高速回转的锤头冲击而粉碎，粉碎的物料从锤破机锤头处获得动能，高速撞击架体内挡板、筛条，与此同时物料相互撞击，经多次破碎，小于筛条间隙的物料从中排出，尺寸较大的物料在筛条上再经锤头的冲击、研磨、挤压而破碎，最终从间隙中挤出，从而获得所需粒度的物料。锤式粉碎机具有结构简单、破碎比大、生产效率高等特点，可用于干、湿两种形式破碎。

◆ **相关生产企业**

诸城市诺威农牧科技有限公司、邹平海林斯机械有限公司、美国威猛公司、德国BHS公司、奥利地ANDRITZ公司等。

◆ **典型机型技术参数**

诸城市诺威机械有限公司TRC-120圆筒粉碎机（图2-1）主要技术参数：

名　称	单　位	参　数
外形尺寸	mm	8 000 × 3 200 × 2 500
配套动力	–	柴油机：95 ~ 125kW；电动机：55 ~ 160kW
粉碎转子直径	mm	677
重量	kg	5 500
作业效率	t/h	5 ~ 30

图2-1　诸城市诺威机械有限公司TRC-120圆筒粉碎机

黑巴斯特H-1000圆筒粉碎机（图2-2）主要技术参数：

名　称	单　位	参　数
重量	kg	3 098
圆筒内部直径	mm	2 440
粉碎转子长度	mm	1 130
粉碎转子直径	mm	660
锤片数量	个	64
PTO动力需求	kW	60 ～ 130

图2-2　黑巴斯特H-1000圆筒粉碎机

德国BHS RBG 08破碎机（图2-3）主要技术参数：

名　称	单　位	参　数
破碎舱直径	mm	1 000
入料口直径	mm	516
卸料口直径	mm	780
功率	kW	75
占地面积	mm	2 350 × 1 280 × 1 385
设备重量	t	2.65

图2-3　德国BHS RBG 08破碎机

2.1.1.2 盘刀式铡切机

◆ **功能及特点**

盘刀式铡切机一般由喂入机构、铡切机构、抛送机构、传动机构、行走机构、防护装置和机架等部分组成。由电机或拖拉机辅助动力输出装置（PTO）提供动力，将动力传递给主轴，主轴另一端的齿轮通过齿轮箱、万向节等再将经过调速的动力传递给压草辊，当待加工的物料进入上下压草辊之间时，被压草辊夹持并以一定的速度送入铡切机构，经高速旋转的刀具切碎后由出草口抛出机外。

盘刀式铡切机具有体积小、重量轻、移动方便等特点，主要用于铡切青（干）玉米秸秆、稻草等各种农作物秸秆及牧草。配套动力多样选择，电动机、柴油机、拖拉机均可配套，尤其适宜电力缺乏地区。

图2-4 洛阳四达9Z-9A青贮铡草机

◆ **相关生产企业**

洛阳四达农机有限公司、曲阜市鲁轩农业机械有限公司等。

◆ **典型机型技术参数**

洛阳四达9Z-9A青贮铡草机（图2-4）主要技术参数：

名　称	单　位	参　数
电机功率	kW	15
传动形式	–	皮带传动
生产效率	t/h	9 ～ 18
切草长度	mm	12/18/25/35
整机质量	kg	800
刀片数量	片	3
刀盘转速	r/min	500

2.1.1.3 辊刀式铡切机

◆ **功能及特点**

辊刀式铡切机适用于切断稻草、麦草、红麻、棉秆、沙柳、芦苇等草类原料。进料部分单独传动，并可正、反转以便排除进料堵卡，操作、维护方便。

◆ **相关生产企业**

镇江澳志金茂机械有限公司、邹平鹏富达机械有限公司等。

◆ **典型机型技术参数**

镇江澳志金茂机械有限公司ZCQ2ZH1刀辊式切草机（图2-5）主要技术参数：

名　称	单　位	参　数
生产能力	t/h	4～5
实切草片长度	mm	≤40
草片合格率	%	≥80
飞刀刃旋转直径及长度	mm	Φ430×690
刀辊转速	r/min	300
飞刀数	把	3
底刀数	把	1
外形尺寸（长×宽×高）	mm	11 150×2 600×2 220
重量	kg	4 500

图2-5　镇江澳志金茂机械有限公司ZCQ2ZH1刀辊式切草机

2.1.1.4　低速剪切式粉碎机

◆ **功能及特点**

低速剪切式粉碎机通过两个相对旋转的刀辊实现物料粉碎，每根轴都装有一组交错排列的刀具和间隔装置，一旦固体被低速旋转的刀辊捕获，刀辊的速差就可将物料分离，并将其切割或剪切成小块，同时将易碎或脆性材料碾碎。与其他类型的粉碎机相比，低速剪切式粉碎机具有工作平稳、噪音小、粉尘少、产量高、单位能耗少、刀具寿命长等优点，但成本较高。

◆ **相关生产企业**

巩义市鸿源机械制造有限公司、江苏河海给排水公司、马鞍山市博觉机械制造有限公司、马鞍山市沃德机械制造有限公司、英国莫诺（Mono）泵业等。

◆ **典型机型技术参数**

巩义市鸿源机械制造有限公司HY-1900双轴撕碎机（图2-6）主要技术参数：

名　称	单　位	参　数
主轴功率	kW	6～75×2
主轴转速	r/min	18～25
产量	t/h	15
重量	t	16
刀盘直径	mm	*Φ*600
破碎粒度	cm	5～20
外形尺寸（长×宽×高）	mm	6 000×2 500×2 400
工作室（长×宽）	mm	1.9×1.2

图2-6　巩义市鸿源机械制造有限公司HY-1900双轴撕碎机

山东省农业机械科学研究院（山东双佳农牧机械科技有限公司）LSD-7000型立式秸秆粉碎机（图2-7）主要技术参数：

名　称	单　位	参　数
生产能力	t/h	8～12
粉碎粒径	mm	20～50
入料口直径	mm	2 800
总功率	kW	170
外形尺寸	mm	4 000×3 000×3 000
设备重量	t	9

图2-7 山东省农业机械科学研究院（山东双佳农牧机械科技有限公司）LSD-7000型立式秸秆粉碎机

2.1.2 畜禽粪便固液分离设备

固液分离是畜禽粪污资源化利用的首要环节和关键工序，采用机械分离的固液分离设备根据分离原理可分为离心式、压滤式和筛分式三种。

2.1.2.1 离心式固液分离机

◆ 功能及特点

离心式固液分离机通过高速旋转产生强大的离心力，在离心力作用下使不同密度的物料分离开，其离心分离系数通常是重力加速度的成百上千倍。常用的如卧式螺旋沉降离心机，其转鼓与螺旋以一定差速同向高速旋转，物料由进料管连续引入输料螺旋内筒，加速后进入转鼓，在离心力场作用下，固相物沉积在转鼓壁上形成沉渣层，输料螺旋将沉积的固相物连续不断地推至转鼓锥端，经排渣口排出机外；液相物则形成内层液环，由转鼓大端溢流口连续溢出转鼓，经排液口排出机外。具有适应性好、自动化程度高、操作环境好、可自动冲洗等优点，但其投资较大、运行成本较高。

◆ 相关生产企业

广州富一液体分离技术有限公司、浙江丽水凯达环保设备有限公司、张家港市通江机械有限公司，以及瑞典Alfa Laval品牌、德国福乐伟品牌等。

◆ 典型机型技术参数

广州富一机械有限公司LW400×1800卧式螺旋离心机（图2-8）主要技术参数：

名　称	单　位	参　数
主电机功率	kW	22
辅电机功率	kW	7.5
整机重量	kg	1 000 ～ 12 800
转鼓直径	mm	400
转鼓长度	mm	1 800
长直径比	–	1 : 4.5
转速	r/min	3 400
分离因数	G	2 587

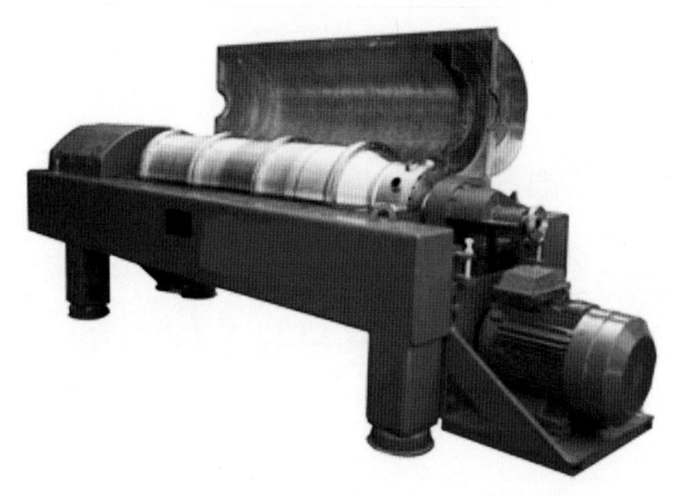

图2-8　广州富一机械有限公司LW400×1800卧式螺旋离心机

2.1.2.2　压滤式固液分离机

◆ **功能及特点**

压滤式固液分离机是一种采用特殊过滤介质对物料施加一定压力使液体渗析出来的机械设备。如螺旋挤压固液分离机可用于不同物料的脱水处理，特别适用于分离含水率为80%～95%的各种固液混合物。应用范围广，可进行畜禽粪便、沼渣、污泥、海藻、纸浆等的固液分离，具有良好的可靠性。在有机肥、沼气生产中使用时可缩短工艺流程、减少设备投资、节约运行成本，是肥料生产加工单位的理想选择。

◆ **相关生产企业**

北京京鹏环宇畜牧科技股份有限公司、聊城绿能新能源有限公司、帕普生装备集团、江苏兴农环保科技股份有限公司、郑州临旺机械设备有限公司、奥地利BAUER等。

◆ **典型机型技术参数**

京鹏畜牧SM260/7型固液分离机（图2-9）主要技术参数：

名　称	单　位	参　数
压榨板型式	–	挡板挤压
压力调节方式	–	弹簧
电机功率	kW	4
处理量	m^3/h	12～36
分离后含水率	%	75
筛网型式	–	条形滤网
上料形式	–	液下输送泵
外形尺寸	mm	2 000×700×1 400

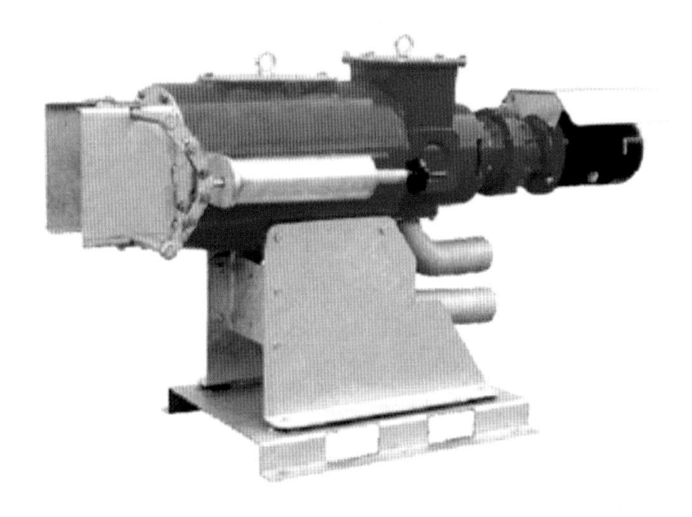

图2-9　京鹏畜牧SM260/7型固液分离机

2.1.2.3　筛分式固液分离机

◆ **功能及特点**

筛分式固液分离机主要是利用重力使粪污经过筛网时，液体及小颗粒物质渗过筛网，大颗粒物质被截留在筛网上，进而实现固液分离。采用该方式分离后的固形物含水率偏高，但结构简单、处理量大。

◆ **相关生产企业**

聊城绿能新能源有限公司、郑州丰迈机械设备有限公司、河南科菲莱机械设备有限公司、曲阜春秋机械有限公司、合肥信达环保科技有限公司等。

◆ **典型机型技术参数**

图2-10　睿特森SLC-800固液分离机

睿特森SLC-800固液分离机（图2-10）主要技术参数：

名　称	单　位	参　数
主机功率	kW	3
泵功率	kW	1.5 ～ 2.2
振动功率	kW	0.04
电压	V	380
处理量	m^3/h	15 ～ 30
外形尺寸	mm	1 880 × 1 450 × 1 430

2.1.3 定量给料机

◆ **功能及特点**

定量给料机是对散状物料进行连续给料的设备，是集输送、定量控制为一体的装备，能适应各种生产环境，对各种块、粒状物料（如石灰石、铁粉、黏土）和粉状物料（如粉煤灰、水泥）等进行连续给料。是配混料系统的起始设备，用于发酵料的储存、定量给料。

◆ **相关生产企业**

山东双佳科技有限公司、青岛永正化工机械有限公司、美国拉姆齐公司、德国申克公司等。

◆ **典型机型技术参数**

山东双佳科技有限公司DL1200型定量给料机（图2-11）主要技术参数：

名　称	单　位	参　数
原料组分	–	粉后秸秆
进料水分	%	30
进料温度	–	常温
物料密度	kg/m^3	550 ～ 600
生产能力	t/h	10
物料粒度	mm	≤ 20
定量给料机尺寸	mm	4 600 × 1 520 × 2 500

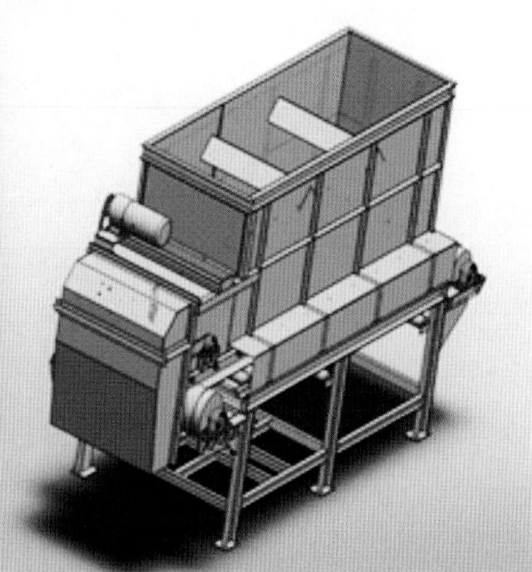

图2-11　山东双佳科技有限公司DL1200型定量给料机

美国拉姆齐公司JGC-40称重给料机（图2-12）主要技术参数：

名　称	单　位	参　数
计量精度	%	±0.5(可选±0.25)
皮带宽度	mm	500～1 400
输送能力	t/h	1～700
物料粒度	mm	≤60
调速范围	–	变频调速或1∶10
电流输出	mA	0～20或4～20
进出料口距离	mm	≥1 000

图2-12　美国拉姆齐公司JGC-40称重给料机

2.2　堆肥装备

2.2.1　常温堆肥翻抛装备

好氧堆肥是农业固体废弃物肥料化利用的主要途径之一，翻抛是好氧堆肥的关键工序，翻抛机是好氧堆肥提高堆肥效率、减轻劳动强度必备装备。根据堆肥形式不同，好氧堆肥翻抛装备可分为条垛式、槽式、整体移位式三种类型。

2.2.1.1　条垛式翻抛装备

◆ 功能及特点

条垛式翻抛装备主要用于在条垛式发酵条件下对料堆进行翻抛供氧。主要由柴油动力系统、履带或轮式行走系统、液压传动控制系统、卧式螺旋翻抛机构以及门式壳体组成。主要工作部件翻抛滚筒由左右两段反向螺旋和中间直段抛齿组成，旋转的螺旋滚筒将梯形条垛物料向中间收拢，同时随着滚筒旋转使物料向后翻抛，从而实现顶层物料和内部物料充分混合，物料和氧气充分接触，堆垛内热气曝出。此类翻抛装备主要用于大型农场、有机肥厂等大面积场外条垛的堆肥，不需要建造发酵槽，前期投资成本底，但堆肥高度较低、升温慢、占用场地大、厂区环境难以控制。

◆ **相关生产企业**

江阴市皓之然机械设备有限公司、河南通达重工科技有限公司、江阴市联业生物科技有限公司、鹤壁市山城区豫星通用设备制造有限公司、河北赛尔沃环保机械制造股份有限公司、北京天时成方科技有限公司等。

◆ **典型机型技术参数**

江阴皓之然FD300型履带条垛式翻堆机（图2-13）主要技术参数：

名　称	单　位	参　数
配套动力	kW	93
堆积物允许最大宽度	m	根据场地而定
堆积物允许最大高度	m	1.6
最大处理能力	m^3/h	800
前进/后退速度	m/min	0 ~ 10

图2-13　江阴皓之然FD300型履带条垛式翻堆机

河北赛尔沃环保机械轮式条垛式翻堆机（图2-14）主要技术参数：

名　称	单　位	参　数
配套动力	kW	70
堆积物允许最大宽度	m	2.8
堆积物允许最大高度	m	1.4
最大处理能力	m^3/h	600
前进/后退速度	m/min	0 ~ 15

图2-14 河北赛尔沃环保机械轮式条垛式翻堆机

2.2.1.2 槽式翻抛装备

◆ **功能及特点**

槽式翻抛装备工作架置于发酵槽上，可沿槽上轨道前后行走。小车置于工作架上，翻抛部件和液压系统安装在小车上。进行翻抛作业时，工作架从发酵槽初始端以一定速度前进，小车相对于工作架静止，随设备整体前进，翻抛部件深入槽中，连续转动，以此不断攫取槽内物料并输送到后方重新置堆。沿槽完成一个行程的作业后，液压系统抬升翻抛部件到不与物料接触的高度，小车横向移动一个幅宽的距离，工作架后退至发酵槽初始端，然后使翻抛部件归位，深入槽中，开始下一幅的作业。根据翻抛部件的不同，槽式翻抛装备可分为链板式、桨叶式、螺旋式翻抛机。

◆ **相关生产企业**

山东双佳农牧机械科技有限公司、河南通达重工科技有限公司、山东碧宇环保工程有限公司、中机华丰科技有限公司、山东龙泰畜牧机械有限公司等

◆ **典型机型技术参数**

山东双佳农牧机械链板式槽式翻抛机（图2-15）主要技术参数：

名　称	单　位	参　数
配套动力	kW	35
链板一次作业宽度	m	2.5
物料高度	m	1.8 ～ 2.5
最大处理能力	m^3/h	100 ～ 300
前进/后退速度	m/min	5

图2-15　山东双佳农牧机械链板式槽式翻抛机

河南通达重工桨叶式槽式翻抛机（图2-16）主要技术参数：

名　称	单　位	参　数
配套动力	kW	41.5
翻抛工作架跨度	m	10
物料高度	m	0.9 ~ 1.2
翻抛部件直径	m	6
最大处理能力	m^3/h	200 ~ 400
前进速度	m/h	50
后退速度	m/h	100

图2-16　河南通达重工桨叶式槽式翻抛机

2.2.1.3　整体移位式翻抛装备

◆ **功能及特点**

整体移位式翻堆装备分自走式和牵引式两种，作业时翻抛部件从整体堆肥料堆一侧将物料攫取、粉碎并抛送到后方或一侧的输送带上，再由输送带输送至3 ~ 4m的另一侧，完成物料降温、水分调节、与氧气充分接触的过程。整体移位翻堆方式变槽式、条垛式堆肥方式为整体堆肥方式，在相同规模场地的条件下，增加了堆肥量，加快了物料升温速度，缩短了堆肥发酵时间。

◆ **相关生产企业**

威猛制造公司 (Vermeer Manufacturing Company)、德国 WILLIBALD TBU。

◆ **典型机型技术参数**

威猛制造公司自走式移位翻抛机（图2-17）主要技术参数：

名　　称	单　　位	参　　数
配套动力	kW	130
作业幅宽	m	2.5 ~ 3
物料高度	m	2 ~ 3
翻抛效率	m^3/h	1 000 ~ 2 000
前进速度	m/min	5

图2-17　威猛制造公司自走式移位翻抛机

德国WILLIBALD TBU牵引式移位翻抛机（图2-18）主要技术参数：

名　　称	单　　位	参　　数
配套动力	kW	90 ~ 100
作业幅宽	m	0.5
物料高度	m	2 ~ 2.5
翻抛部件直径	m	0.5
翻抛效率	m^3/h	800 ~ 1 000
前进速度	m/min	10

图2-18　德国WILLIBALD TBU牵引式移位翻抛机

2.2.2　快速堆肥反应装置

快速反应装置堆肥是将物料置于密闭的容器或装置内，通过控制通风、温度、水分等条件，使物料进行生物降解，获得有机肥的处理方式。根据进料方式的不同，快速堆肥反应装置分为立式反应器和卧式反应器；根据反应器堆肥工艺可将其分为水平推流式(plug flow)和动态混合式(dynamic)两种。下面分别介绍立式搅拌好氧堆肥装置、滚筒式好氧堆肥装置、卧式推流好氧堆肥装置和病死畜禽高温好氧无害化处理装置四大类应用较为广泛的机型。

2.2.2.1　立式搅拌好氧堆肥装置

◆ **功能及特点**

立式搅拌好氧堆肥装置是一种从顶部进料、底部卸出肥料的快速一体化发酵装置，在发酵装置的中间竖直安装有多层桨叶的搅拌器，通风系统将加热后的新鲜空气从发酵仓的顶部、搅拌轴和桨叶孔隙处通入，实现物料的传热传质。这种堆肥方式典型周期一般为10 ～ 15d，发酵温度为65 ～ 70℃。每天出料或重新进料的体积约是发酵装置体积的1/10，出料的含水率约35%，有机质含量约55%。该装备具有原料适应性强、占地面积小、发酵效率高、操作简单、出料后可直接使用等特点，但也存在物料均匀性一般、能耗较高、设备造价高等问题。

◆ **相关生产企业**

山东福航新能源环保股份有限公司、江苏碧诺环保科技有限公司、南京贝特粪便高温发酵设备公司、青岛派如环境科技有限公司、日本中部艾科太科环保有限公司、日本SANYU公司等。

◆ **典型机型技术参数**

福航F-116SA猪粪、鸡粪堆肥装置（图2-19）主要技术参数：

图2-19　福航F-116SA猪粪、鸡粪堆肥装置

名　称	单　位	参　数
容积	m^3	116
提升料斗容积	m^3	1.5
总功率	kW	48.95
除臭方式	–	生物除臭
润滑方式	–	集中润滑
日处理量（含水率65%）	m^3	＞12
主机重量	t	30

日本中部S-90ET猪粪、鸡粪堆肥装置（图2-20）主要技术参数：

名　称		单　位	参　数
容积		m^3	86
提升料斗容积		m^3	1.5
总功率		kW	36.3 ~ 46.1
日处理量	猪粪	t	9
	鸡粪		10
日取出量	猪粪	t	2.4
	鸡粪		3.6
主机重量		t	26
每月耗电量		kW · h	13 000 ~ 18 000

图2-20　日本中部S-90ET猪粪、鸡粪堆肥装置

2.2.2.2 滚筒式好氧堆肥装置

◆ **功能及特点**

滚筒式好氧堆肥装置是一种水平滚筒混料、倾斜式进出料的堆肥装置。滚筒可为合体式滚筒和分体式滚筒，物料进入滚筒（在支架上可自由转动）内部后，通过持续搅拌与逆流的空气均匀混合，发酵完成后由滚筒末端出料。这种堆肥方式周期一般为10 ~ 20d，其中装置内发酵时间不到1d。该装备具有原料适应性强、搅拌强度大、密闭性好、运行成本低等特点，但也存在主机能耗较大、占地面积大、原料需粉碎处理、出料后需二次发酵等问题。

◆ **相关生产企业**

江苏佳迪森环保设备有限公司、丹麦DANO公司、奥地利BAUER集团公司、山东龙泰畜牧机械有限公司等。

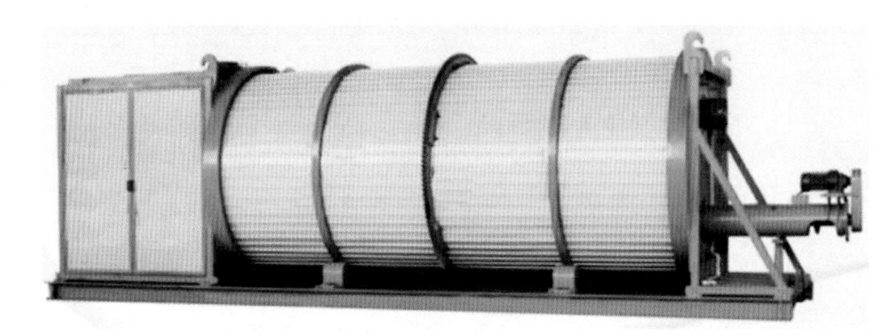

图2-21　佳迪森JDS-14堆肥装置

◆ **典型机型技术参数**

佳迪森JDS-14堆肥装置（图2-21）主要技术参数：

名　称	单　位	参　数
重量	t	20
外形尺寸（长 × 宽 × 高）	mm	1 100 × 3 200 × 3 000
每天处理量	m^3	13 ~ 14
日耗电量	kW · h	75
每吨有机肥耗电量	kW · h	5.5

奥地利BAUER（保尔）集团公司BRU2000牛床垫料再生装置（图2-22）主要技术参数：

名　称	单　位	参　数
每天处理量	m^3	45
分离后物料干物质含量	%	38
出料干物质含量	%	42
处理时间	h	15 ~ 20
发酵滚筒内温度	℃	65 ~ 70
病菌杀死率	%	99

图2-22 BRU2000牛床垫料再生装置

2.2.2.3 卧式推流好氧堆肥装置

◆ **功能及特点**

卧式推流好氧堆肥装置是 种水平推流式反应装置，该堆肥装置采用连续进料的运行方式，通过反应器内搅拌器的翻转和推动实现物料定向流动和混配，一般停留18 ~ 24h后自出料口排出。罐体可采用标准化设计，根据实际处理量的需要罐体可叠加增容。这种堆肥方式周期一般为8 ~ 20d，发酵温度为50 ~ 80℃。该装备具有原料适应性强、发酵效率高、占地面积适中、操作简便等特点，但需对物料进行粗粉碎，出料后要堆放进行二次发酵。

◆ **相关生产企业**

湖南碧野农业科技开发有限责任公司、中联重机股份有限公司、常州市苏风机械有限公司、德国EISENMANN公司、德国KUTTNER公司等。

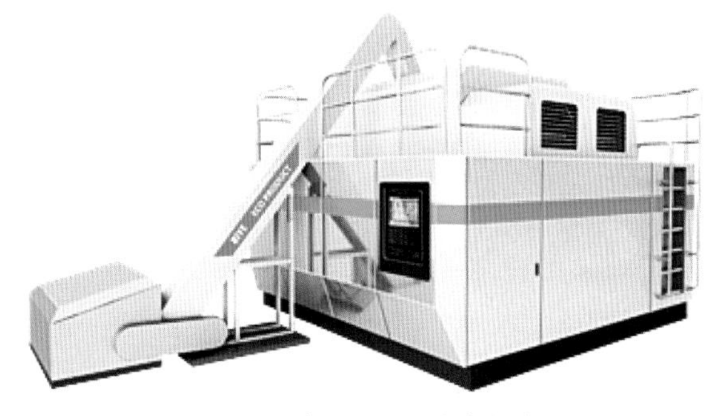

图2-23 碧野ZF-5型秸秆堆肥装置

◆ **典型机型技术参数**

碧野ZF-5型秸秆堆肥装置（图2-23）主要技术参数：

名　称	单　位	参　数
仓体容积	m^3	12
总功率	kW	30
主机重量	t	5.5
外形尺寸	mm	7 280 × 6 680 × 3 880
日处理量	t	≤ 5
主轴转速	r/min	10
物料温度	℃	0 ~ 80

2.2.2.4 病死畜禽高温好氧无害化处理装置

◆ **功能及特点**

病死畜禽高温好氧无害化处理装置利用微生物可降解有机质的能力，结合特定微生物耐高温的特性，将病死畜禽尸体及废弃物进行高温灭菌、生物降解成有机肥原料，达到无害化处理和资源化利用的目的。该装置采用全隔离结构设计、高效破碎技术、导热油加热技术，对病死畜禽通过分切、绞碎、发酵、杀菌、干燥等工艺，将病死畜禽处理成为有机肥原料，整个处理过程无烟、无臭、环保，但处理物出料后需堆放进行二次发酵制肥。

◆ **相关生产企业**

漳州市天洋机械有限公司、寿光市金盛源固废处理有限公司等。

◆ **典型机型技术参数**

漳州市天洋机械有限公司TY-FCW-26型高温好氧无害化处理装置（图2-24）主要技术参数：

名　称	单　位	参　数
总功率	kW	22.75
有效容积	L	2 600
批次处理重量	kg	1 200
批次处理时间	h	16
单头可处理最大重量	kg	400
外形尺寸（长 × 宽 × 高）	mm	4 150 × 1 700 × 1 850
产品质量	kg	3 800
主电机功率	kW	5.5
最高使用温度	℃	135
加热功率	kW	18
耗电量（环境温度25℃以上）	kW · h	180 ～ 200

图2-24　天洋机械有限公司TY-FCW-26型高温好氧无害化处理装置

寿光市金盛源固废处理有限公司11FCL-1000D型高温好氧无害化处理装置（图2-25）主要技术参数：

名 称	单 位	参 数
总功率	kW	32
有效容积	L	2.8
批次处理重量	kg	1 000
批次处理时间	h	12
外形尺寸（长×宽×高）	mm	3 510×2 220×1 920
产品质量	kg	4 600
主电机功率	kW	7.5
最高使用温度	℃	110
加热功率	kW	20
耗电量（环境温度25℃以上）	kW·h	200～220

图2-25 金盛源固废处理有限公司11FCL-1000D型高温好氧无害化处理装置

第三章
商品化有机肥生产及加工装备

有机肥现已逐渐成为我国农业绿色发展的重要保障，成为高标准农田建设耕地地力提升的首选，农业废弃物经堆肥处理可初步制备成固体或液体有机肥，采用农业废弃物生产有机肥并商品化推广，在堆制后还需进一步加工才能完成有机肥的商品化制作。固体有机肥堆制后需经过粉碎、筛分、混合搅拌、造粒、冷却以及计量包装等环节，液体有机肥通常是在收集储存后通过发酵、混配等工序，最后经检测出厂完成有机肥的商品化制作。

3.1 固体有机肥生产加工装备

3.1.1 粉碎装备

◆ **功能及特点**

立式链锤粉碎机是在吸取国内外先进细碎设备基础上，优化设计而成的一种无筛条、可调式细碎设备，是复混肥行业使用最普遍的粉碎设备。物料通过进料口进入粉碎室后，在高速旋转的粉碎链板击打和与筒壁的碰撞下进行粉碎。物料由于重力作用向下运动进行逐层粉碎，经过多次粉碎，最后经出料口排出。适用于原料及返料的粉碎，尤其是对于含水率高的物料适应性强，不易堵塞，下料顺畅。

◆ **相关生产企业**

郑州浩天机械有限公司、河南恒生重型机械制造有限公司等。

◆ **典型机型技术参数**

郑州浩天机械有限公司LP系列链式粉碎机（图3-1）主要技术参数：

名称	单位	参数		
		LP500	LP600	LP800
进料最大粒度	mm	≤60	≤60	≤60
粉碎后物料粒度	mm	<Φ0.7	<Φ0.7	<Φ0.7
电机功率	kW	11	15	15
生产能力	t/h	1～3	1～5	2～8

图3-1 郑州浩天机械有限公司LP系列链式粉碎机

3.1.2 筛分装备

筛分是指根据所需物料粒度大小将物料进行分选或分级的操作过程，即在筛孔大小一定的条件下，使物料与筛面做相对运动，在运动过程中，物料颗粒中粒度小于筛孔大小的物料，透过筛孔，成为筛下物，粒度大于筛孔大小的物料，不能够透过筛孔，成为筛上物。按照具体筛分原理的不同，常用的筛分设备主要分为振动筛、滚轴筛和滚筒筛三种类型。

3.1.2.1 振动筛分机

在筛分过程中，物料在筛面上的运动轨迹为直线或近似直线，按照工作原理可分为直线振动筛和共振振动筛。

（1）直线振动筛分机

◆ **功能及特点**

直线振动筛分机主要由进料口、大出料口、小出料口、筛箱、筛网、减振弹簧、激振器等部分组成。筛面水平或小角度安装，设备高度较低，采用电机作为激振源驱动两个偏心轮进行反向旋转工作，可配合单层或多层筛网以达到脱水、除杂等目的。具有振幅大、效率高、产量大等特点。

◆ **相关生产企业**

常州市力雄机械制造有限公司、河南瑞菲特机械设备有限公司、河南通达重工科技有限公司、山东恒易凯丰机械有限公司、新乡市华成机械设备有限公司、新乡市法斯特机械有限公司、美国康威德工业公司等。

◆ **典型机型技术参数**

新乡市法斯特机械有限公司FAST-520直线筛分机（图3-2）主要技术参数：

名　称	单　位	参　数
筛面尺寸（长×宽）	mm	2 000×500
外形尺寸（长×宽×高）	mm	(2160 ~ 2280)×850×(2940 ~ 1060)
层次	-	1 ~ 3
功率	kW	2×0.37
振次	r/min	960
振幅	mm	3 ~ 4.5
设备重量	kg	350 ~ 460

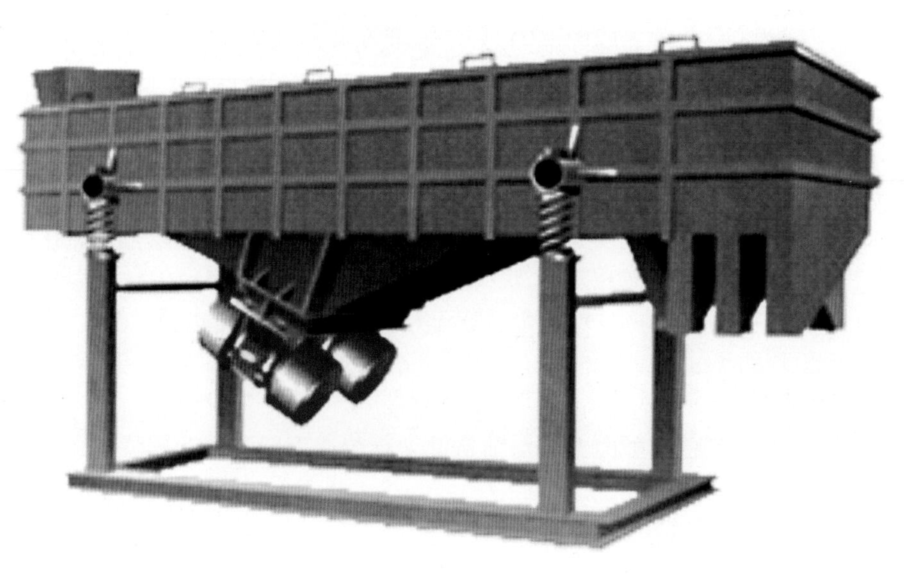

图3-2　新乡市法斯特机械有限公司FAST-520直线筛分机

美国康威德工业公司圆振动筛（图3-3）主要技术参数：

名　称	单　位	参　数
筛面尺寸（长×宽）	m	（1.2×2.4）～（3.0×8.4）
层次	–	1～4
运动方式	–	圆周运动

图3-3　美国康威德工业公司圆振动筛（Incline Style Vibrating Screens）

（2）共振振动筛分机

◆ **功能及特点**

共振振动筛分机的振动来源是由曲柄连杆机构带动传动连杆做往复运动，并经由传动连杆端部的弹簧装置传递给筛箱使其产生运动，物料沿直线向前跳动。稳定工作时所需驱动力较小，因此传动机构受力也较小，能够提高运动部件的使用寿命。具有筛分精度高、处理量大、结构简单、维修方便等特点。

◆ **相关生产企业**

河南三江自动化设备有限公司、新乡市三辰机械有限公司、新乡先锋振动机械有限公司等。

◆ **典型机型技术参数**

新乡市三辰机械有限公司SCYB 1030方形摇摆筛（图3-4）主要技术参数：

名　称	单　位	参　数
有效筛分面积	m^2	3
层次	–	1～5
功率	kW	3
筛面倾角	°	5～8
回转频次	r/min	180～260
筛箱行程	mm	25～60

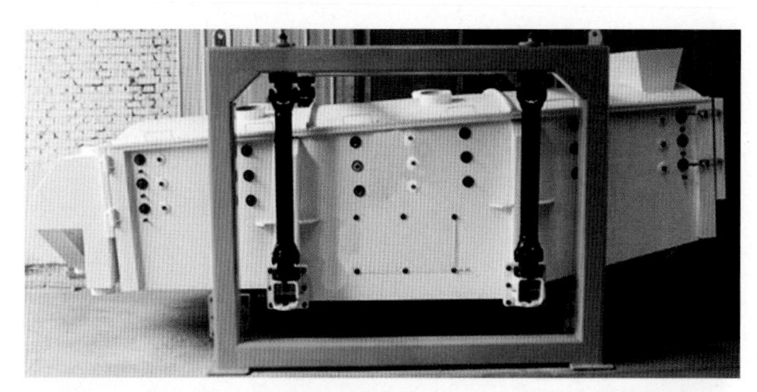

图3-4　新乡市三辰机械有限公司SCYB 1030方形摇摆筛

3.1.2.2　滚筒筛分机

滚筒筛分机又称作圆筒筛分机，主要由驱动系统、滚筒以及机架等组成。根据驱动系统可分为中心轴式和外传动式滚筒筛两种；外传动式滚筒筛根据动力传递方式又可分为齿轮齿圈传动、链条传动和托轮传动滚筒筛等几种。

（1）中心轴式滚筒筛分机

◆ **功能及特点**

中心轴式滚筒筛分机的动力系统通过中心轴与滚筒侧壁相连的肋柱将动力传递给滚筒，中心轴既起到传递动力作用又起到支撑滚筒的作用。中心轴传动滚筒筛结构紧凑，动力传递效率高，滚筒筛中装载物料数量对滚筒工作状况影响较低。但中心轴传动形式的筛分机滚筒内部肋柱较多，会影响滚筒中物料的运动，同时受其结构特点的限制，并不适合较大尺寸尤其是滚筒长度较长的滚筒筛分机。

◆ **相关生产企业**

海门市山河环保设备有限公司、河南通达重工科技有限公司、上海师锐机械设备有限公司、泰安市利丰化工设备有限公司、新乡市万方机械设备有限公司、郑州市天赐重工机械有限公司、郑州万顺机械有限公司、德国DOPPSTADT公司等。

◆ **典型机型技术参数**

郑州万顺机械有限公司GTS820滚筒筛分机（图3-5）主要技术参数：

名　称	单　位	参　数
筒体规格（直径×长度）	m	Φ0.8×2
筒体倾角	°	6
功率	kW	3
转速	r/min	32
筛孔尺寸	mm	2～20
最大进料粒度	mm	网孔尺寸×2.5
产量	m^3/h	7～30

图3-5 郑州万顺机械有限公司 GTS820滚筒筛分机

德国DOPPSTADT公司SM 518 PLUS筛分机（图3-6）主要技术参数：

名　称	单　位	参　数
总重	t	17
总尺寸（长×宽×高）	m	15×7×3.8
运输尺寸（长×宽×高）	m	11×2.55×4
筒体尺寸（直径×长）	m	Φ0.8×5.5
筛孔尺寸	mm	8～100
筛分类型	–	方形或圆形
筒体转速	r/min	0～21
筛网面积	m^2	22.5
电机功率	kW	55

图3-6 德国DOPPSTADT公司SM 518 PLUS筛分机

(2) 外传动式滚筒筛分机

◆ **功能及特点**

外传动式滚筒筛分机的滚筒做旋转运动，物料受到摩擦力和离心力作用随旋转的筒壁上升，当物料上升至一定位置，离心力不足以支撑物料继续上升，则在重力作用下做自由落体运动，随后物料重新与筛网接触并再次随筒壁上升，如此循环往复。在物料上升下降的过程中，粒径小于筛网网孔尺寸的物料透过筛网成为筛下物，其余物料继续向前运动，并最终从滚筒另一端排出成为筛上物。

◆ **相关生产企业**

郑州恒锐机器设备有限公司、郑州万顺机械有限公司、德国DOPPSTADT公司、美国WEST SALEM MACHINERY公司等。

◆ **典型机型技术参数**

郑州恒锐机器设备有限公司1015型滚筒筛分机（图3-7）主要技术参数：

名　称	单　位	参　数
筒体规格（直径×长度）	m	$\Phi1\times1.5$
外形尺寸（长×宽×高）	mm	2 600×1 400×1 700
功率	kW	≤3
进料粒度	mm	≤300
产量	t/h	50

图3-7　郑州恒锐机器设备有限公司1015型滚筒筛分机

美国WEST SALEM MACHINERY公司Trommel Screens（图3-8）主要技术参数：

名　称	单　位	参　数
筒体直径	m	1.22，1.83，2.44，3.05
筒体长度	m	4.57 ~ 19.20
成产能力	m^3/h	460

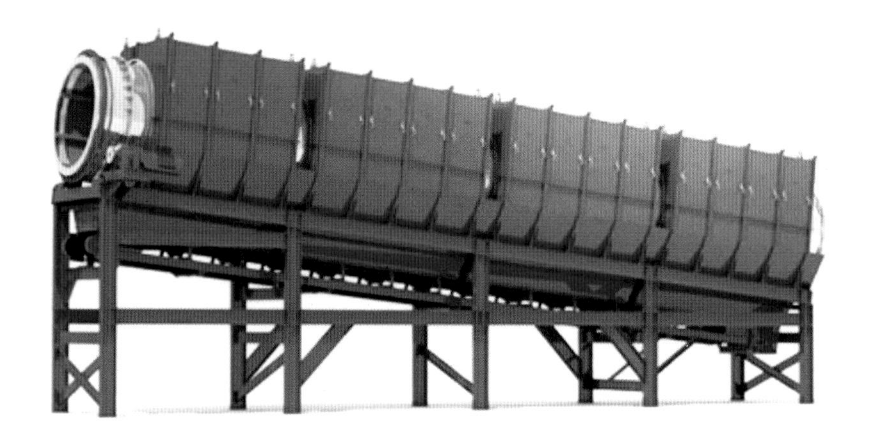

图3-8　美国WEST SALEM MACHINERY公司Trommel Screens

3.1.3　混合搅拌装备

固体有机肥混合搅拌装备主要是把几种不同物料放入搅拌室中，在搅拌装置的作用下，各物料之间进行充分混合后由出料口出料，完成连续混合作业过程。根据机构特点可分为连续式双轴桨叶搅拌机与立式搅拌机两大类。

3.1.3.1　连续式双轴桨叶搅拌机

◆ **功能及特点**

连续式双轴桨叶搅拌机主要由出料口、进料口、搅拌壳体、搅拌轴、驱动系统等部分组成。物料由入料口进入搅拌机，搅拌机内部有两根装有特殊形状叶片且缓慢相向旋转的搅拌轴，物料在搅拌叶片的作用下，不断相互混合且缓慢向前移动，并由出料口流出，完成混合过程。可连续搅拌物料，解决了物料腐蚀性大、易黏结料门等问题，结构紧凑，占用空间少。

◆ **相关生产企业**

河南郑矿机器有限公司、莱州市胜龙化工机械有限公司、世赫工业设备（上海）有限公司、上海升立机械制造有限公司、山东宇冠机械有限公司、山东双佳农牧机械科技有限公司等。

◆ **典型机型技术参数**

世赫工业设备（上海）有限公司SHLX-2000连续式混合搅拌机（图3-9）主要技术参数：

名　称	单　位	参　数
筒体规格（直径×长度）	mm	Φ1 000×2 800
外形尺寸（长×宽×高）	mm	4 500×1 100×1 600
设备容积	L	2 000
功率	kW	22
主轴转速	r/min	60
生产能力	m^3/h	20～50

图3-9　世赫工业SHLX-2000连续式混合机

山东双佳农牧机械科技有限公司SJJ40搅拌机（图3-10）主要技术参数：

名　称	单　位	参　数
设备容积	m^3	4
外形尺寸（长×宽×高）	mm	7 515×1 550×1 185
功率	kW	37
主轴转速	r/min	46
生产能力	m^3/h	15～20

图3-10　山东双佳农牧机械科技有限公司SJJ40搅拌机

3.1.3.2 立式搅拌机

◆ **功能及特点**

立式搅拌机主要由搅拌室、支架、搅拌系统、出料机构、驱动系统等部分组成。每批待混合的各种物料经计量后，人工投入到搅拌室进行均匀搅拌后，通过人工或者电动出料机构卸出，实现一个批次的搅拌。适合小规模人工计量生产的场合，整机高度低，便于投料。

◆ **相关生产企业**

河南通易达重工科技有限公司、武穴市腾飞铸造设备有限公司、荥阳市新锐达机械设备有限公司、郑州春长机械设备有限公司、郑州实锦机械设备有限公司等。

◆ **典型机型技术参数**

荥阳市新锐达机械设备有限公司PJ 1600立式搅拌机（图3-11）主要技术参数：

图3-11 荥阳市新锐达机械设备有限公司PJ 1600立式搅拌机

名　称	单　位	参　数
圆盘直径	mm	1 600
圆盘高度	mm	400
功率	kW	7.5
转速	r/min	46
外形尺寸（长×宽×高）	mm	1 600×1 600×1 800
搅拌产量	t/h	2～3

3.1.4 制粒装备

有机肥制粒是有机肥后续加工的关键工序，相比于粉状肥料，颗粒肥料养分均衡不易损失，成品颗粒肥在储存和运输过程中不易破碎、不易受潮，产品的物理性状较好，且颗粒肥料的流动性较佳，较少产生黏附现象，撒施方便，肥效持久。制粒方式一般分为团粒法和挤压法，团粒法分为圆盘制粒与转鼓制粒，挤压法分为平模制粒和环模制粒。

3.1.4.1 圆盘制粒机

◆ **功能及特点**

圆盘制粒机主要由喷水装置、刮料装置、制粒室、驱动系统、底座等部分组成。该装备是将输入圆盘的物料由雾化喷嘴喷洒适量比例的黏结剂和水，再经制粒盘旋转制成颗粒成品，颗粒形成一定量后随圆盘旋转惯性甩出。经圆盘制粒后的成型颗粒含水率较高，后续需要配备烘干设备。

◆ 相关生产企业

河南瑞光机械有限公司、河南通达重工科技有限公司、山东宇冠机械有限公司、石家庄纳海机械制造有限公司、无锡市永春科技有限公司、中机华丰（北京）科技有限公司、郑州市天赐重工机械有限公司等。

◆ 典型机型技术参数

郑州市天赐重工机械有限公司ZL08圆盘制粒机（图3-12）主要技术参数：

名　称	单　位	参　数
直径	mm	800
容积	m^3	0.25
功率	kW	1.5
转速	r/min	24
高度	mm	200
生产能力	t/h	0.1 ~ 0.2

图3-12　郑州市天赐重工机械有限公司ZL08圆盘制粒机

3.1.4.2　转鼓制粒机

◆ 功能及特点

转鼓制粒机主要由进料口、转鼓、前/后托轮装置、齿轮驱动系统、蒸汽管路等部分组成。物料从进料端进入，向筒体内部通入一定量的水或蒸汽，使基础肥料在筒体内调湿后充分反应，在一定液相条件下，借助筒体的旋转运动使物料粒子间产生挤压力团聚成球，最后经出料口流出。可实现大批量生产，但存在少量返料，返料粒度小，可重新制粒。若通入蒸汽加热提高物料温度，使物料成球后水分含量低，可提高后续干燥效率。

◆ **相关生产企业**

河南瑞光机械有限公司、秦皇岛易森环保有机肥设备有限公司、泰安市利丰化工设备有限公司、山东宇冠机械有限公司、章丘市华祥颗粒机械有限公司、无锡市永春科技有限公司、郑州瑞恒机械制造有限公司等。

◆ **典型机型技术参数**

章丘市华祥颗粒机械有限公司LXZL1000转鼓制粒机（图3-13）主要技术参数：

名　称	单　位	参　数
筒体规格（直径×长度）	m	Φ1.02×4.5
筒体倾角	°	2～2.5
功率	kW	75
转速	r/min	20
外形尺寸（长×宽×高）	m	4.7×2.0×1.6
重量	t	3.5
产量	t/h	3～4.5

图3-13　章丘市华祥颗粒机械有限公司LXZL1000转鼓制粒机

河南瑞光机械有限公司RGZG1.2×4转鼓制粒机（图3-14）主要技术参数：

名　称	单　位	参　数
筒体规格（直径×长度）	m	Φ1.2×4
筒体倾角	°	2～2.5
功率	kW	5.5
转速	r/min	17
外形尺寸（长×宽×高）	m	4.6×2.2×2.0
重量	t	2.7
产量	t/h	1～2

图3-14　河南瑞光机械有限公司RGZG1.2×4转鼓制粒机

3.1.4.3　平模制粒机

◆ **功能及特点**

平模制粒机主要由主机动力系统、检修门、进料口、模辊压缩室、出料口、传动箱、底架等部分组成。机器装有围绕中心轴回转的辊轮，迫使物料挤压向下通过水平固定模板的模孔，旋转切刀把挤出的物料切割成一定长度的颗粒料。平模制粒机的平模与辊轮采用螺纹调隙装置，减少平模与辊轮过快磨损，与传统平模与辊轮垫片调正间隙方法相比，使用寿命提高20%。具有流程短、占地少、安装灵活、能耗低、无返料等特点。

◆ **相关生产企业**

河南瑞科机械有限公司、江西南昌华拓实业有限公司、曲阜宏燊工贸有限公司、深圳市龙华新区广汇通农业机械设备商行、潍坊市农业机械研究所机械厂、章丘市华祥颗粒机械有限公司、中机华丰（北京）科技有限公司等。

◆ **典型机型技术参数**

章丘市华祥颗粒机械有限公司SKJ420平模制粒机（图3-15）主要技术参数：

名　称	单　位	参　数
产量	t/h	2 ~ 13
颗粒大小	mm	2 ~ 30
功率	kW	37
颗粒温度	℃	<35
成粒率	%	>95

图3-15　章丘市华祥颗粒机械有限公司SKJ420平模制粒机

河南瑞科机械有限公司KP-400平模制粒机（图3-16）主要技术参数：

名　称	单　位	参　数
产量	t/h	1.8 ~ 12.5
颗粒大小	mm	3 ~ 30
功率	kW	3
颗粒温度	℃	<30
成粒率	%	>95

图3-16　河南瑞科机械有限公司KP-400平模制粒机

3.1.4.4 环模制粒机

◆ **功能及特点**

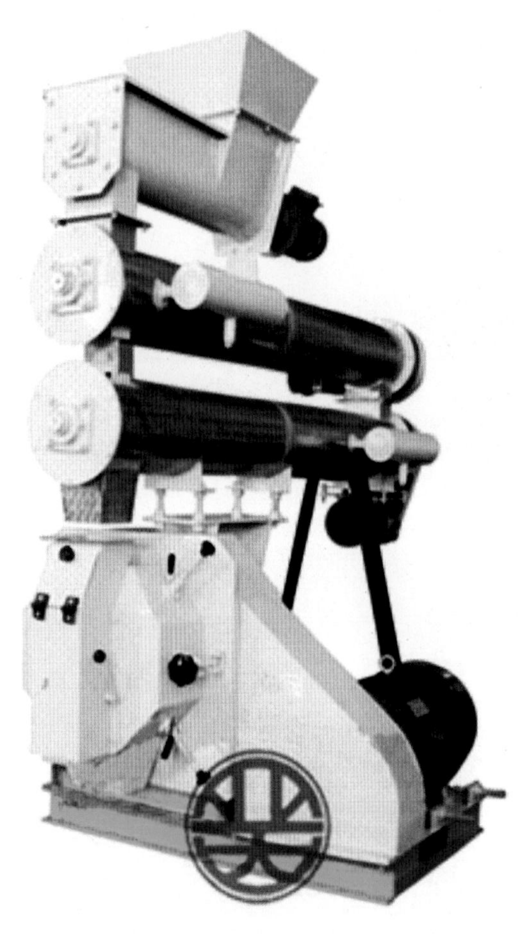

图3-17 潍坊振轩新能源有限公司SZLH20C环模制粒机

环模制粒机主要由环模、压辊、刮板、压辊调节器、刮料刀等部分组成，根据环模的布置可分为立式环模制粒机和卧式环模制粒机。经过调质器调质的粉状物料，由小进料螺旋及前板上两个拨料刀，将充满在料槽与叶片之间的物料垂直或翻转90°，均匀地送入两个压辊与环模组成的制粒区，通过环模和两个压辊相对旋转对粉状物料进行挤压，入环模成型孔中成形并不断向外端挤出，同时由切料刀把成形颗粒切成一定的长度，最后成形颗粒从出料口排出。

◆ **相关生产企业**

济南越振机械有限公司、江苏德力升生物能源开发有限公司、溧阳市德瑞农牧机械有限公司、山东双鹤机械制造股份有限公司、章丘市宇龙机械有限公司、潍坊振轩新能源有限公司、奥地利ANDRITZ公司、德国KAHL公司、丹麦MATADOR公司、美国CPM公司等。

◆ **典型机型技术参数**

潍坊振轩新能源有限公司SZLH20C环模制粒机（图3-17）主要技术参数：

名　称	单　位	参　数
生产率	kg/h	500 ~ 700
主电机功率	kW	11
调质电机功率	kW	0.75+1.1
环模转速	r/min	306
环模内径	mm	200
外形尺寸（长×宽×高）	mm	1 210×450×1 520

山东双鹤机械制造股份有限公司HKJ250环模制粒机（图3-18）主要技术参数：

名　称	单　位	参　数
产量	t/h	0.5 ~ 1.5
功率	kW	22
颗粒规格	mm	Φ2 ~ 8
环模内径	mm	250
外形尺寸（长 × 宽 × 高）	mm	3 300 × 1 100 × 2 478

图3-18　山东双鹤机械制造股份有限公司HKJ250环模制粒机

奥地利ANDRITZ公司UG系列制粒机（图3-19）主要技术参数：

名　称	单　位	参　数			
		UG 600	UG 1000	UG 1600	UG 2000
工作区域长度	mm	600	1 000	1 600	2 000
电机功率	kW	55	90 ~ 160	110 ~ 250	315
颗粒尺寸	mm	8 ~ 120	8 ~ 120	8 ~ 120	8 ~ 120
环模内径	mm	600	500 ~ 800	500 ~ 800	800

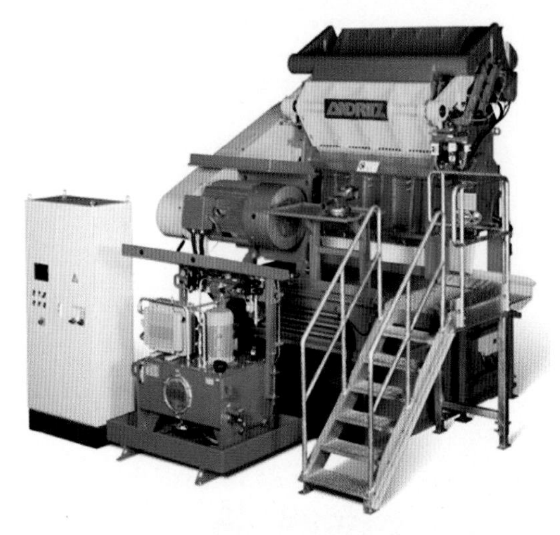

图3-19 奥地利ANDRITZ公司UG系列制粒机

3.1.5 冷却装备

经处理后的物料不能直接筛分包装，需要经过冷却阶段，冷却不仅可降低物料温度，同时可以进一步降低水分，提高颗粒强度。根据冷却原理可分为滚筒冷却与逆流强制冷却两大类。

3.1.5.1 滚筒冷却机

◆ 功能及特点

滚筒冷却机主要由进料口、出料口、筒体、前/后挡托轮装置、传动装置、支架等部分组成。冷却器是略微倾斜的旋转圆筒，物料从较高一端加入，筒体内配置扬料板，不断地将物料翻动和抛撒，出料室配置一套抽风除尘装置，使进入滚筒内的物料迅速冷却，冷却后的物料即可进入到下道工序。另外，筒体两端设有密封装置，防止空气进入筒体内。该设备结构紧凑，冷却效率高，性能可靠，适应性强。

◆ 相关生产企业

河南宏基矿山机械有限公司、河南通达重工科技有限公司、山东宇冠机械有限公司、石家庄纳海机械制造有限公司、郑州市均益机械设备有限公司等。

◆ 典型机型技术参数

郑州市均益机械设备有限公司LQ1212回转式冷却机（图3-20）主要技术参数：

名　称	单　位	参　数
筒体规格（直径 × 长度）	m	Φ1.2 × 1.2
倾角	°	2 ~ 5
功率	kW	7.5
筒体转速	r/min	4.6
进料温度	℃	60 ~ 80
出料温度	℃	<40

图3-20　郑州市均益机械设备有限公司LQ1212回转式冷却机

3.1.5.2　逆流强制冷却机

◆ **功能及特点**

逆流强制冷却机主要由出风口、进料喂料器、均料机构、冷却室、排料机构、料位器等部分组成。其工作原理是利用与高温、高湿颗粒物料相向流动的冷风对颗粒料进行冷却，即肥料喂入后，通过均料机构拌料，落入肥料箱，环境冷风垂直穿过料层与湿热颗粒料进行热交换，后经吸风系统吸出，从而使颗粒物料冷却。

◆ **相关生产企业**

东宇冠机械有限公司、河南瑞光机械有限公司、江苏良友正大股份有限公司、秦皇岛诺鑫环保科技有限公司、山东金格瑞机械有限公司、郑州一正重工机械有限公司等。

◆ **典型机型技术参数**

秦皇岛诺鑫环保科技有限公司逆流冷却干燥机（图3-21）主要技术参数：

名　称	单　位	参　数
冷却容积	m^3	1.5
关风器功率	kW	0.5
配用功率	kW	0.75
引风机功率	kW	7.5
冷却时间	min	10 ~ 15
生产能力	t/h	3

3.1.6 包装装备

图3-21 秦皇岛诺鑫环保科技有限公司逆流冷却干燥机

肥料经过系列化工序处理后进入包装环节，主要对肥料进行计量与包装。运行过程中，首先夹袋机构迅速夹紧料袋，延时一段时间后打开快速加料阀门，物料落入袋中，当料袋中的重量达到设定的快速加料设定值时，加料速度转入慢速加料，确定称重的精度。当料重达到慢速加料设定值时，关闭慢速加料阀，稍作延时，待空中物料进入料袋再开启夹袋机构，完成动态称重过程。根据斗的个数分为单斗自动包装与双斗自动包装两大类。

3.1.6.1 单斗自动包装秤

◆ **功能及特点**

单斗自动包装秤主要由封包系统、控制箱、皮带喂料机、夹袋装置、机架、成品输送机等部分组成。采用中文液晶数字显示简便直观，包装规格连续可调，操作简单，定量准，精度高，具有置零和自动零点跟踪功能，主要完成单一类肥料包装称重，适用于流动性较好的粒状、小颗粒状的散装物料的定量包装。

◆ **相关生产企业**

合肥布勒自动化设备有限公司、河南通达重工科技有限公司、上海恒刚仪器仪表有限公司、新乡市金宏称重设备有限公司、荥阳鑫盛自动包装设备等。

◆ **典型机型技术参数**

新乡市金宏称重设备有限公司DCS-L50包装秤（图3-22）主要技术参数：

名　称	单　位	参　数
称量范围	kg	25 ～ 100
计量准确度	级	0.2
允许误差	–	砝码 ±0.05%，物料 ±0.10%
称量能力	包/h	200 ～ 600
电源/功率	V/kW	380/4.5
供气压力	MPa	0.4 ～ 0.6
耗气量	m^3/min	0.1
工作温度	℃	−20 ～ 40

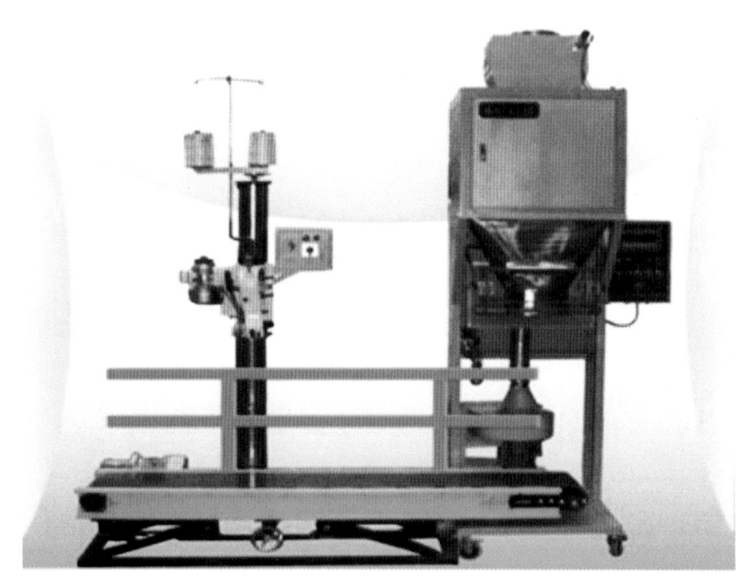

图3-22　新乡市金宏称重设备有限公司DCS-L50包装秤

3.1.6.2　双斗自动包装秤

◆ **功能及特点**

双斗自动包装秤与单斗自动包装秤的组成相似，由于该装备具有两个料斗，因而可完成多种肥料的配比包装称重，主要适用于流动性较好的粒状、小颗粒状的散装物料的定量包装。

◆ **相关生产企业**

安徽中科科正自动化工程有限公司、河南通达重工科技有限公司、新乡市金宏称重设备有限公司、荥阳鑫盛自动包装设备、枣庄龙海自动化设备有限公司等。

◆ **典型机型技术参数**

枣庄龙海自动化设备有限公司DCS-M-D-50包装秤（图3-23）主要技术参数：

名　称	单　位	参　数
称量范围	kg	15 ~ 50
计量准确度	–	静态≤ ±0.1%，动态≤ ±0.2%
称量能力	包/h	600 ~ 800
总功率	kW	2.7
供气气压	MPa	0.6
耗气量	m^3/h	0.5
工作温度	℃	−10 ~ 40

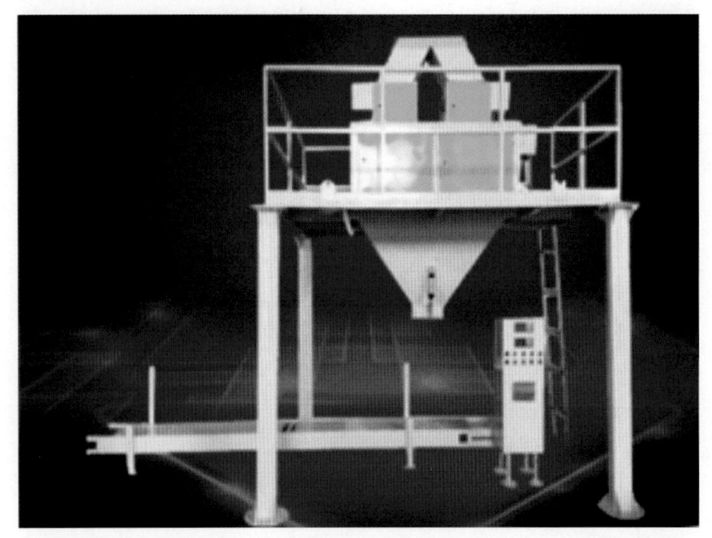

图3-23 枣庄龙海自动化设备有限公司DCS-M-D-50包装秤

3.2 液肥生产加工装备

液体肥料是指有机肥料或化学肥料与水融合后直接喷洒于植物叶面或根部，让其吸收较为快速的肥料。有机液肥生产设备可依据液肥生产方式的不同而异，分为两大类，即有机废弃物发酵生产液肥装备和低营养液体加工生产有机液肥装备。

3.2.1 有机废弃物发酵生产液肥装备

◆ **功能及特点**

有机废弃物生产液肥装备以生产萃取液肥、发酵液肥为主，这类生产装备以发酵罐为主体，并辅以粉碎装置及进出料装置。其生产过程主要是将有机废弃物经厌氧发酵、好氧发酵等腐熟并经水萃取后得到有机液肥。此法生产的有机液肥营养成分稳定且病原菌较少，可利用性较高。

◆ **相关生产企业**

江阴市联业生物技术有限公司、无锡赛亿环保科技有限公司等。

◆ **典型机型技术参数**

无锡塞亿环保YJF-3000型有机液肥装备（图3-24）主要技术参数：

名　称	单　位	参　数
生产能力	kg/d	2 500
重量	t	5.8
好氧发酵槽电机功率	kW	5.5
厌氧发酵槽电机功率	kW	4.2
成熟调整槽电机功率	kW	4

图3-24　无锡寨亿环保YJF-3000型有机液肥装备

3.2.2　低营养液体加工生产有机液肥装备

◆ **功能及特点**

低营养液体加工生产有机液肥装备主要通过调质或者浓缩的方式将一些营养元素含量较低，达不到液肥标准的液体（如沼液等）制成液态有机肥料。可实行按需配方生产和施用。这样配置液体有机肥具有很高的灵活性，能满足特异植物的不同需要，分别可制成高氮、高磷、高钾的液体肥料。另外，在加工过程中也可添加微量元素，还可以添加除草剂、杀虫剂、植物生长调节剂等。

◆ **相关生产企业**

安徽信远包装科技有限公司、德清明德水处理有限公司、杭州瑞纳膜工程有限公司、秦皇岛力拓科技有限公司、德兰梅勒（北京）分离技术股份有限公司等。

◆ **典型机型技术参数**

安徽信远液体肥配料螯合生产线（图3-25）主要技术参数：

名　称	单　位	参　数
设计容积	m^3	2，3，5，10（可按需定制）
反应温度	℃	常温～230
搅拌转速	r/min	31～43
搅拌形式	–	桨叶式
加热方式	–	电加热、蒸汽加热
导热介质	–	导热油、蒸汽
传热结构	–	夹套式

图3-25　安徽信远液体肥配料螯合生产线

秦皇岛力拓公司DC-ZPH-FJ全自动水溶肥生产线（图2-26）主要技术参数：

名　称	单　位	参　数
额度称量范围	kg	0.5 ~ 50
物料配料种类	种	3 ~ 10（粉末状）
工作电源	V	380
气源压力	MPa	0.4 ~ 0.8
单位产量	t/h	1 ~ 30
工作温度	℃	−30 ~ 40
相对湿度	%	85
精度等级	–	X(1)级
整机功率	kW	≤ 12

图3-26　秦皇岛力拓公司DC-ZPH-FJ全自动水溶肥生产线

杭州瑞纳膜浓缩设备（图3-27）主要技术参数：

名　称	单　位	参　数
膜面积	m^2	10
膜材质	–	PVDF，PES
功率	kW	0.37
最小循环体积	L	25 ~ 40
系统操作压力	MPa	≤0.2
过滤能力	L/h	100 ~ 400
pH	–	2 ~ 12
设备尺寸（长×宽×高）	mm	800×600×1 500

图3-27　杭州瑞纳膜浓缩设备

第四章
有机肥还田施用装备

有机肥替代化肥使用是我国现代农业绿色发展的必然趋势，有机肥还田施用方式与传统化肥施肥作业模式有所区别。选择适宜的施肥方式可以提高肥料利用率，保持肥效和增产，减少环境污染，提高农民生产收益。我国有机肥的撒施大部分以固体有机肥为主，液态有机肥的还田施用也正逐渐发展。

4.1 固体有机肥撒施机

固体有机肥撒施机目前主要有两种分类方式，即以行走方式和撒肥部件分类。以行走方式可分为：轮式自走式、履带自走式、牵引式和后悬挂式；以撒肥部件可分为：横辊破碎后抛式、竖辊破碎后抛式、离心圆盘式、锤爪侧抛式、横辊破碎圆盘撒施式。本部分以撒肥部件为分类主要依据。

4.1.1 横辊破碎后抛式撒肥机

◆ 功能及特点

该类装备大多由拖拉机牵引，主要撒施厩肥。破碎辊可为单个或两个，水平置于肥箱后方，破碎辊上固接的叶片可对肥料进行破碎。工作时肥料通过链板输肥机构和液压推肥机构整体向后缓慢运动，肥料接触到高速旋转的破碎拨料辊被抛到田中。该类撒肥机结构简单，操控方便，价格较低，抛撒幅宽有限，适合小田块作业，对厩肥具有一定的破碎效

果，但无法保证破碎均匀性。

◆ **相关生产企业**

呼伦贝尔市蒙拓农机科技股份有限公司、黑龙江沃尔农装科技股份有限公司、青岛友宏畜牧机械有限公司、上海世达尔现代农机有限公司、禹城阿里耙片有限公司、四方力欧畜牧科技股份有限公司、德国H&S制造公司、法国库恩公司、美国CONESTOGA MANUFACTURING公司、美国E-Z公司、美国PIK RITE公司。

◆ **典型机型技术参数**

禹城阿里耙片有限公司2FP系列横螺旋式后抛撒肥机（图4-1）主要技术参数：

名　称	单　位	参　数
型号	–	2FP-10
容积	m^3	10
抛撒幅宽	m	12 ~ 16
载重量	t	8
配套动力	kW	80 ~ 96
整机重量	kg	4 500
整机尺寸	mm	7 440 × 2 585 × 2 620

图4-1　禹城阿里耙片有限公司2FP系列横螺旋式后抛撒肥机

美国CONESTOGA C50单辊撒肥机（图4-2）主要技术参数：

名　称	单　位	参　数
容量	m^3	1.1
箱体长	cm	213.4
抛肥叶片	只	12
重量（带轮胎）	kg	374.2
箱体宽度	cm	88.9
箱体高度	cm	45.7
抛肥辊直径	cm	48.3
配套动力	kW	11.0

图4-2　美国CONESTOGA C50单辊撒肥机

美国PIK RITE公司 HYDRA-RAM 790双辊厩肥撒施机（图4-3）主要技术参数：

名　称	单　位	参　数
外形尺寸（长×宽×高）	mm	7 538×3 086×1 778
配套动力	kW	73.5
配套输出转速	r/min	1 000
载重	m^3	11.5
满载容积	m^3	14.0
上拨料辊转速	r/min	294
下拨料辊转速	r/min	337

图4-3　美国PIK RITE公司HYDRA-RAM 790双辊厩肥撒施机

上拨料辊对肥料进行二次击打，破碎效果相对较好，且可增加幅宽。

E-Z Model 25 COMPACT有机肥撒肥机（图4-4）主要技术参数：

名　称	单　位	参　数
配套动力	kW	7.35
容积	m^3	0.5
工作速度	km/h	8 ~ 9.6
重量	kg	318
撒肥幅宽	m	3

输肥链板和撒肥辊动力均由地轮驱动，结构简单，操控方便，价格较低，适合小田块作业。

图4-4　E-Z Model 25 COMPACT有机肥撒肥机

4.1.2 立辊破碎后抛式撒肥机

◆ **功能及特点**

立式破碎抛撒辊的叶片有仿爪型和带刀螺旋式两种，通常撒肥圆盘固接于立辊底部并同步转动，可对底部肥料进行宽幅撒施。该类撒肥机撒施幅宽较大，适合于规模化农牧场投入使用，撒施效率高，破碎效果好，但撒施均匀性不够，一般用于撒施厩肥。

◆ **相关生产企业**

黑龙江德沃科技开发有限公司、河北中农博远农业装备有限公司、山东天盛机械科技股份有限公司、呼伦贝尔市蒙拓农机科技股份有限公司、乌兰浩特市顺源农牧机械制造有限公司、德国福林格（Fliegl）农业机械公司、英国RICHARD-WESTERN公司、法国库恩公司、美国PIK RITE公司

◆ **典型机型技术参数**

呼伦贝尔市蒙拓农机科技股份有限公司2F-10.6垂直型施肥机（图4-5）主要技术参数：

名　称	单　位	参　数
整机尺寸（长×宽×高）	mm	8 153×3 048×3 560
最大容量	m^3	15.4
撒肥辊数量	个	2
撒肥辊直径	mm	914
单辊叶片数	个	14
液压油缸行程	mm	2 032
液压油缸设计压力	MPa	21

该机具与88kW以上的拖拉机配套使用，主要用于有机牲畜粪肥抛撒还田作业，适合于规模化农牧场使用。

图4-5　蒙拓2F-10.6垂直型施肥机

黑龙江德沃科技开发有限公司2FJL-9立轴后抛式厩肥施肥机（图4-6）主要技术参数：

名　称	单　位	参　数
外形尺寸（长 × 宽 × 高）	mm	7 340 × 3 180 × 2 820
配套动力	kW	29.4 ～ 132.3
配套输出轴转速	r/min	1 000
箱体容积	m^3	9.5
满载容积	m^3	15.1
行进速度	km/h	4 ～ 6
抛撒宽度	m	7.62 ～ 9.15

图4-6　德沃2FJL-9立轴后抛式厩肥施肥机

山东天盛机械科技股份有限公司2FP-10农家肥撒粪机（图4-7）主要技术参数：

名　称	单　位	参　数
容积	m^3	10
抛撒幅宽	m	12 ～ 16
载重量	kg	8 000
配套动力	kW	55.1 ～ 73.5
整机重量	kg	3 500
整机尺寸（长 × 宽 × 高）	mm	7 440 × 2 585 × 2 620

可对各种粪肥、有机肥、石灰、酒糟、污泥等物料进行高效撒布。

图4-7　天盛2FP-10农家肥撒粪机

4.1.3　圆盘式撒肥机

◆ **功能及特点**

圆盘式撒肥机主要撒施粉状、颗粒状商品有机肥。肥料在肥箱底部的输肥链板带动下往后运动，落到高速旋转的撒肥圆盘上，被均匀地撒到田中。撒肥量可通过调节肥箱尾部的出肥口大小来控制。该类撒肥机具有田间通过性强、适应性广、幅宽较大、撒肥均匀性高等优点。

◆ **相关生产企业**

河北中农博远农业装备有限公司、山东天盛机械科技股份有限公司、潍坊森海机械制造有限公司、中机华联机电科技（北京）有限公司、日本DELICA公司、日本佐佐木公司、韩国筑水公司、COTTAGE CRAFT WORKS公司、加拿大J. Bond &Sons（JBS）有限公司、南非Rovic & Leers (Pty) 有限公司。

◆ **典型机型技术参数**

河北中农博远农业装备有限公司2FY-3.8系列牵引式撒肥机（图4-8）主要技术参数：

名　称	单　位	参　数
配套动力	kW	36.8 ~ 58.8
撒肥宽度	m	6 ~ 15
肥箱容积	m^3	3.8
整机质量	kg	1 550
外形尺寸（长×宽×高）	mm	4 800×2 000×2 050

以撒播石灰、各种沤肥、有机肥为主，配套相应功能部件后还可实现开沟、施肥、覆土等功能，适合大田作业。

图4-8 中农博远2FY-3.8系列牵引式撒肥机

潍坊森海机械制造有限公司2FZ-0.5手扶式圆盘撒肥机（图4-9）主要技术参数：

名　称	单　位	参　数
配套动力	kW	8.5
容积	m^3	0.5
外形尺寸（长×宽×高）	mm	2 350×650×1 750
重量	kg	620
撒肥宽度	m	8 ~ 10
作业速度	km/h	6 ~ 10
撒肥量	m^3/hm^2	⩾15

适合大棚、小田块和丘陵山地撒施商品有机肥或化肥。结构紧凑，田间通过性强，撒肥均匀。

图4-9 潍坊森海机械制造有限公司2FZ-0.5手扶式圆盘撒肥机

山东天盛机械科技股份有限公司ZZSF系列轮式自走式撒粪车（图4-10）主要技术参数：

名　称	单　位	参　数
容积	m^3	1.5
动力	kW	30
撒肥幅宽	m	4 ~ 8
轮距	m	1.32
整机尺寸（长 × 宽 × 高）	m	3.9 × 1.6 × 1.8
整机重量	kg	2 200

基于蔬菜大棚对有机肥的大量需求，可进行正常双盘抛肥，也可进行开沟顺肥覆土一体作业，满足多重作业形式要求。

图4-10　天盛ZZSF系列轮式自走式撒粪车

山东天盛机械科技股份有限公司LDFC-2.6履带式撒肥车（图4-11）主要技术参数：

名　称	单　位	参　数
容积	m^3	2.6
动力	kW	55
撒肥幅宽	m	4 ~ 8
整机尺寸（长 × 宽 × 高）	m	4.3 × 1.6 × 1.8
整机重量	kg	2 450

履带自走式撒肥车，适合水田、大棚、果园，亦可用于大田撒肥作业，还可在恶劣的地况下进行撒肥作业，有效提高工作效率、解决劳动力缺乏问题。

图4-11 天盛LDFC-2.6履带式撒肥车

加拿大J. Bond & Sons（JBS）有限公司圆盘式撒肥机（图4-12）主要技术参数：

名　称	单　位	参　数
配套动力	kW	≥26
外形尺寸（长×宽×高）	mm	（3 658 ～ 6 096）×1 219×1 219
容积	m^3	4.6 ～ 6.1
作业效率	km/h	2.2
施肥深度	cm	20 ～ 40
施肥宽度	cm	120
作物行距	cm	≥200

主要针对大田和标准化果园商品有机肥的撒施。

图4-12 JBS圆盘式撒肥机

日本DELICA公司履带自走式圆盘撒肥机（图4-13）主要技术参数：

名　称	单　位	参　数
配套动力	kW	14
容积	m^3	1.2
外形尺寸（长×宽×高）	mm	4 000×1 600×1 500
变速箱	-	无级变速
行走速度	km/h	5
撒肥幅宽	m	3～5

田间通过性好，转弯掉头方便灵活，对土壤压实较小，速度慢，效率较低，适合小田块、大棚、果园及丘陵山地用。

图4-13　日本DELICA履带自走式圆盘撒肥机

日本佐佐木公司2FD-500有机肥撒肥机（图4-14）主要技术参数：

名　称	单　位	参　数
配套动力	kW	33.0～51.5
容积	m^3	0.5
工作速度	km/h	2～8
悬挂类型	-	三点悬挂
撒肥幅宽	m	9～11（颗粒有机肥）
	m	4～5（粉状有机肥）

悬挂于拖拉机后方，成本低，比较轻便，撒肥较均匀，容积小，效率低，适合小田块、大棚及果园撒施流动性较好的粉状、颗粒状肥料。

4.1.4　侧抛式撒肥机

◆ **功能及特点**

肥料通过绞龙或链板输肥机构运送至肥箱前端，再通过锤片式或叶轮式撒肥部件将肥料从肥箱侧方抛撒出去。该类撒肥机撒肥幅宽大，可不进田作业，能够防止机器对土壤的压实和对作物的损伤，撒肥时在田边道路行走，肥料从侧面抛出撒到田中。

◆ **相关生产企业**

山东天盛机械科技股份有限公司、四方力欧畜牧科技股份有限公司、澳大利亚SPREADCO公司、法国库恩公司、英国RICHARD-WESTERN公司、英国FGS ORGANICS有限公司、意大利阿格福尔（AGROFER）公司、意大利爱诺威公司。

◆ **典型机型技术参数**

四方力欧畜牧科技股份有限公司侧抛式撒肥机（图4-15）主要技术参数：

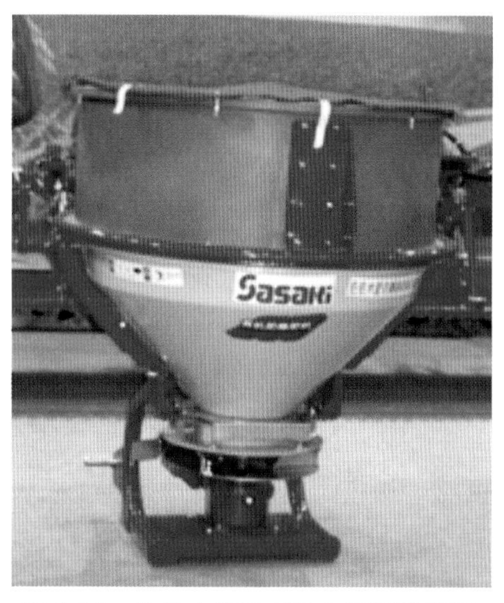

图4-14　佐佐木2FD-500有机肥撒肥机

名　称	单　位	型号参数	
		SFLEO-PSC-01	SFLEO-PSC-02
容量	m^3	3.3	9.2
整机尺寸（长×宽×高）	m	5.41×2.52×1.35	6.96×2.90×2.03
抛撒宽度调整	m	2～15	2～15
机器净重	kg	1 696	3 538
最大净载重量	kg	4 536	10 886
所需拖拉机动力	kW	58.8	102.9

图4-15　四方力欧畜牧科技股份有限公司侧抛式撒肥机

山东天盛机械科技股份有限公司2FC系列有机肥撒粪机（图4-16）主要技术参数：

名　称	单　位	型号参数	
		2FC-5	2FC-10
容积	m^3	5	10
撒肥幅宽	m	8 ~ 12	8 ~ 12
装载量	kg	4 500	8 000
配套动力	kW	55.1 ~ 95.6	62.5 ~ 110.3
整机重量	kg	2 400	3 700
整机尺寸（长×宽×高）	m×m×m	6.07×2.22×2.15	7.22×2.4×2.52

适用于果园有机肥撒施。

图4-16　天盛2FC系列有机肥撒粪机

山东双佳农牧机械科技有限公司SJSF系列畜禽粪便堆沤有机肥撒肥机（图4-17）主要技术参数：

名　称	单　位	参　数
容量	m^3	4
搅龙直径	cm	61
PTO轴转速	r/min	760
主轴转速	r/min	180
外形尺寸（长×宽×高）	mm	4 157×1 802×2 040
重量	kg	1 692
所需动力	kW	≥50
箱体形状	–	筒形

图4-17 SJSF系列畜禽粪便堆沤有机肥撒肥机

法国库恩公司有机肥侧抛机（图4-18）主要技术参数：

名　称	单　位	参　数
容量	m^3	15.4
搅龙直径	cm	61
PTO轴转速	r/min	1 000
外形尺寸（长×宽×高）	mm	8 180×3 450×2 360
行走宽度	cm	345
重量	kg	6 957
最大载重量	kg	18 143
所需动力	kW	≥134
箱体形状	–	V形
锤片数量	个	18

适合大田、果园撒施厩肥，也可撒施秸秆含量高的肥料。

图4-18 法国库恩公司有机肥侧抛机

澳大利亚SPREADCO公司果园撒肥车（图4-19）主要技术参数：

名　称	单　位	参　数
功率	kW	22
平均容量	m^3	2.5
机身尺寸（长×宽×高）	m	2.50×1.50×1.45
重量	kg	950
撒施幅宽	m	0.8 ~ 4

图4-19　澳大利亚SPREADCO公司果园撒肥车

4.1.5　开沟施肥机

◆ **功能及特点**

主要用于果园施肥。机具结构紧凑、高度较低、田间通过性好，工作时由机具前方动力开沟机进行开沟，肥料通过槽轮强制排肥落入沟中，然后通过机具后方的覆土圆盘进行覆土。

◆ **相关生产企业**

高密市益丰机械有限公司、曲阜丰联机械制造有限公司、泗水丰旺机械厂、潍坊同顺机械有限公司。

◆ **典型机型技术参数**

曲阜丰联机械制造有限公司履带式开沟施肥机（图4-20）主要技术参数：

名　称	单　位	参　数
动力	kW	18.4
外形尺寸（长×宽×高）	mm	2 490×1 000×750
施肥深度	mm	20 ~ 35
开沟宽度	mm	35 ~ 40

图4-20 丰联履带式开沟施肥机

高密市益丰机械有限公司2SF-120振动深松施肥机（图4-21）主要技术参数：

名　称	单　位	参　数
配套动力	kW	≥25.7
外形尺寸（长×宽×高）	mm	1 400×1 000×1 140
容积	m^3	0.5
作业效率	km/h	2.2
重量	kg	235
施肥深度	cm	20 ～ 40
施肥宽度	cm	120
作物行距	cm	≥200

适用于葡萄、果树、枸杞等经济作物所有肥料（除土杂肥外）的深施作业，施肥深度可以调节，能根据作物生长的不同时期对肥料的不同需求把不同肥料送到作物根部。

图4-21 益丰机械2SF-120振动深松施肥机

4.1.6 刀辊破碎圆盘撒肥机

◆ **功能及特点**

主要针对厩肥撒施，两破碎辊高速旋转对肥料进行破碎后落入下方撒肥圆盘抛撒出去，肥料破碎充分，撒肥幅宽较大，撒肥较均匀。

◆ **相关生产企业**

美国TEBBE公司、法国ICS-AGRI公司、美国MEYER MANUFACTURING公司、美国PIK RITE公司、英国G.T. Bunning & Sons公司。

◆ **典型机型技术参数**

美国TEBBE MS-240撒肥机（图4-22）主要技术参数：

名　称	单　位	参　数
自重	kg	22 000
载重	kg	14 000
容积	m^3	16
装载高度	mm	2 900
撒肥宽度	m	20

图4-22　美国TEBBE MS-240撒肥机

英国G.T. Bunning & Sons撒肥机（图4-23）主要技术参数：

名　称	单　位	参　数
载重量	t	22
容积	m^3	23
整机尺寸（长×宽×高）	mm	6 000×1 600×1 580
链板尺寸	mm	20
制动器尺寸	mm	420×200
最大撒肥宽度	m	24
PTO转速	r/min	1 000
自重	kg	8 200

图4-23　英国G.T.　Bunning & Sons撒肥机

美国Meyer Manufacturing公司9524 Truck Mnt（图4-24）主要技术参数：

名　称	单　位	参　数
外形尺寸（长×宽×高）	mm	7 569×2 591×2 553
容积	m^3	17
重量	kg	12 300
动力	kW	220

履带式底盘，不易下陷，对土壤压实小。载重量大，撒肥效率高，均匀度高。

图4-24 美国Meyer Manufacturing公司9524 Truck Mnt

4.2 有机液肥还田装备

有机液肥是有机物料合理配比后在微生物菌剂作用下发酵制成的纯天然、多功能、高肥效、环保型的有机液体肥料。有机液肥施用装备按还田方式可分为直接喷洒式、滴流管式、浅/深施式、拖管式，前三种还田方式通常是采用粪肥施用罐车挂载各类施肥机设备，少数采用拖管将储存在田间地头沼液池中的液肥进行还田，可为直接喷洒式、滴流管式，也可为浅/深施式，主要根据挂载施肥装置进行区分。除上述几种还田方式，有机液肥还可通过水肥灌溉/水肥一体化方式进行还田，即将沼液或畜禽养殖场废水经储存、过滤和自动配比后采用喷滴灌技术进行还田。

4.2.1 有机液肥直接喷洒式还田装备

◆ **功能及特点**

直接喷洒式是通过配置在罐车后的喷嘴或喷头将有机液肥均匀分散到地表。该还田方式由于液肥直接裸露在地表，氨的挥发导致大量氮流失高达70%，施肥效率较低，仅为30%；同时会喷洒在作物上造成污染，也容易溢流到田地附件的开放水域污染环境。

◆ **相关生产企业**

北京国科诚泰农牧设备有限公司、哈尔滨万客生物质科技有限公司、黑龙江沃尔农装科技股份有限公司、爱科挑战者公司、法国弼丰（PICHON）公司、荷兰普罗格（PLOEGER）公司等。

◆ **典型机型技术参数**

哈尔滨万客特种车设备有限公司液态肥抛洒车（图4-25）主要技术参数：

名　　称	单　　位	型号参数		
		HWK2FY-4	HWK2FY-6	HWK2FY-10
整车外尺寸	mm	6 600 × 1 980 × 2 090	5 400 × 2 230 × 2 500	7 000 × 2 500 × 2 900
罐体尺寸	mm	30 50 × 1 600 × 1 600	3 652 × 1 500 × 1 500	5 700 × 1 600 × 1 600
自重	kg	1 800	2 400	3 200
载重量	kg	3 000	5 000	8 000
配套动力	kW	⩾ 1 176	⩾ 735	⩾ 992
牵引形式	–	背负式	牵引式	牵引式
轮胎数/型号	个/–	2/400	2/385	4/385
车桥形式	–	5吨单桥	13吨单桥	钢性半轴摆动悬挂

标配意大利进口真空抽吸系统，罐体后部喷淋杠或扇形喷洒头2件，洒布宽度5 ～ 8m。

图4-25　哈尔滨万客特种车公司液态肥抛洒车

法国弼丰（PICHON）公司TCI罐车（图4-26）主要技术参数：

名　　称	单　　位	参　　数		
车轴数	个	1	2	3
容量	L	2 600 ～ 11 350	7 150 ～ 22 700	18 500 ～ 30 000
罐体长度	mm	3 190 ～ 5 800	4 350 ～ 7 500	6 980 ～ 7 750
罐体直径	mm	1 100 ～ 1 800	1 500 ～ 2 100	1 900 ～ 2 300
罐体厚度	mm	5 ～ 7	6 ～ 8	8

法国弼丰（PICHON）公司TCI罐车喷洒配置：

类型		撒播宽度（m）	适合地形
喷淋架	双喷嘴架	15 ~ 24	谷地、草地、残茬地、植皮、无耕作地
	多喷嘴架	12 ~ 28	谷地、草地、残茬地、植皮、无耕作地
	悬挂式低喷软管架	9 ~ 28	谷地、草地、残茬地、植皮、无耕作地
喷枪		–	丘陵地等普通喷洒距离难抵达的地形

图4-26　法国弼丰（PICHON）公司TCI罐车

4.2.2　有机液肥滴流管式还田装备

◆ 功能及特点

滴流管式是将有机液肥通过分配器均匀分配到每个管道，管道贴地（庄稼）前行，液肥流到地表，相比直接喷洒液肥在地表，滴流管式的氮流失仅为40%，施肥效率60%。该还田方式在有作物的地面进行撒施，液肥会喷洒在庄稼顶部，导致庄稼收到污染。

◆ 相关生产企业

比利时JOSKIN公司、荷兰芬豪斯（VeenHUIS）公司等。

◆ 典型机型技术参数

以比利时JOSKIN公司PENDITWIST滴管式液肥洒施罐车（图4-27）主要技术参数：

名称	单位	型号参数					
		90/RP1	120/RP2	135/RP2	150/RP2	160/RP2	180/RP2
作业幅宽	m	9	12	13.5	15	16	18
滴流管个数	个	30/36	40/48	46/54	50/60	54/64	60/72
间隔	cm	30/25	30/25	30/25	30/25	30/25	30/25
重量	kg	1 050/1 100	1 140/1 220	1 290/1 370	1 470/1 560	1 500/1 530	1 590/1 620

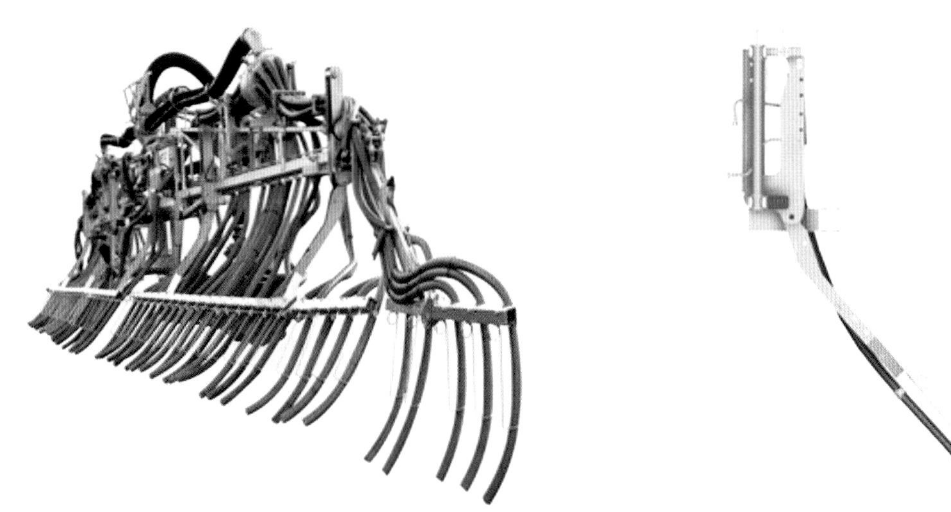

图4-27 比利时JOSKIN公司PENDITWIST滴管式液肥洒施罐车

4.2.3 有机液肥浅/深施式还田装备

◆ **功能及特点**

浅施式是采用注射式将有机液肥施用于作物根部附近一定土壤深度（≤5cm）的洒施技术，氮损失为30%，该还田方式对肥料利用率较高（70%）；深施式是将有机液肥施用于作物根部附近较深土壤层的洒施技术（5～30cm），洒施深度较大，氮损失较小，仅为10%左右。深施式相较浅施式有更好的肥料利用率（90%），且对环境污染较小。浅施式和深施式均采用粪肥施用罐车进行还田洒施，通过挂载的不同肥料分配和洒施设备进行区别。

◆ **相关生产企业**

北京国科诚泰农牧设备有限公司、中机华丰（北京）科技有限公司（引进意大利CROSETTO液体粪肥抛洒车）、德国福林格（FLIEGL）公司、荷兰芬豪斯（VeenHUIS）公司、比利时JOSKIN公司、德国荷马（HOLMER）公司、荷兰沃尔德公司等。

◆ **典型机型技术参数**

北京国科诚泰农牧设备有限公司（浅/深施式）液肥还田机（图4-28）主要技术参数：

名　　称	单　位	型号参数			
		SP9	SP15	FLEX16	FLEX23
外形尺寸（长×宽×高）	m	7.21×2.52×2.73	8.10×2.52×2.71	8.10×2.87×2.88	8.95×3.67×3.11
容积	m^3	9	15	16	23
传动轴转速	r/min	1 000	1 000	1 000	1 000
抛洒幅宽	m	12	12	12/24	12/24
最低功率需求	kW	735	103	103	1 470
自重	kg	2 990	3 785	4 820	7 435

还田技术：软管撒布、翻耕注入、液态撒布和垄沟撒布，其中液体撒布为直接喷洒式；软管撒布为浅施式；翻耕注入和垄沟撒布为深施式。

图4-28　北京国科诚泰农牧设备有限公司（浅/深施式）液肥还田机

以德国福林格（FLIEGL）公司的VFW系列真空罐车（浅/深施式）（图4-29）主要技术参数：

图4-29　德国福林格（FLIEGL）公司VFW系列真空罐车

名　称	单　位	参　数			
车轴	–	单轴	双轴	三轴	四轴
容量	L	3 000 ～ 10 600	6 200 ～ 18 000	18 000 ～ 25 000	25 000 ～ 30 000
总长度	mm	5 500 ～ 8 050	6 800 ～ 9 200	9 200 ～ 11 500	11 500 ～ 12 000
容器长度	mm	2 800 ～ 5 350	4 000 ～ 6 400	6 400 ～ 9 000	9 000 ～ 11 000
空车重量	kg	1 150 ～ 2 800	1 990 ～ 4 800	5 200 ～ 7 500	7 900 ～ 9 200
轮距	mm	1 500 ～ 2 150	1 750 ～ 2 150	最大2 150	最大2 150
总宽	mm	2 100/2 500	2 300/2 500	2 550	2 550
容器直径	mm	1 250 ～ 1 600	1 400 ～ 1 900	1 900	1 900
总高	mm	1 950 ～ 2 650	2 600 ～ 2 990	2 990	3 100
制动	–	超限（容量≤6 200L），气压	超限（容量6 200L），气压	气压	气压

德国福林格（FLIEGL）公司的VFW系列真空罐车可配备施肥机种类：

类　型	图　片	工作方式、适用土地	工作深度
UNIVERSAL开沟施肥装置（浅施式）		草地和耕地	3 ～ 5cm
MAULWURF（鼹鼠）短圆盘耙（深施式）		前茬作物尚未处理和使用绿肥地块	12cm
VARIO-DISC圆盘式开沟肥料分配器（深施式）		所有类型草地	5 ～ 10cm

类　型	图　片	工作方式、适用土地	工作深度
GUG液态肥松土机（深施式）		前茬作物尚未处理和使用绿肥地块	10 ~ 20cm
TITAN条耕机（深施式）		前茬作物尚未处理和使用绿肥地块	15 ~ 25cm

荷兰芬豪斯（VeenHUIS）公司施肥罐车（深施式）（图4-30）主要技术参数：

名　称	单　位	参　数		
		基础型	自吸刮板型	专业型
车轴数	个	1	1	1
容量	L	10 000	10 000	10 000 ~ 14 000
最大轮胎尺寸	mm	1 670	1 670	1 850
罐长	mm	4 000	4 000	4 000
罐体直径	mm	1 750	1 750	1 800 ~ 2 100

图4-30　荷兰芬豪斯VeenHUIS公司施肥罐车

荷兰芬豪斯（VeenHUIS）公司施肥罐车（深施式）可配备施肥机种类及其参数：

名　称	单 位	参　数		
类型		草地施肥机3000型	耕地施肥机200型	盘式耕地施肥机
图片				
作业宽度	m	4.56 ~ 7.60	4.72 ~ 6.49	4 ~ 6
运输时宽度	m	2.8	2.7	2.85
重量	kg	2 250 ~ 2 800	1 620 ~ 1 880	2 450 ~ 2 850
犁盘/齿耙数量	个	24 ~ 40	16 ~ 22	32 ~ 48
犁盘直径	mm	350	–	–
每单元犁盘数	个	2	–	–
犁盘/齿耙排数	排	–	2	2
出料注射管数量	个	–	16 ~ 22	16 ~ 24
犁盘/齿耙间距	mm	190	295	250
支撑轮数量	个	–	4	2 ~ 4

4.2.4 有机液肥拖管式还田装备

◆ **功能及特点**

拖管式（Draghose）是拖拉机直接配备施肥机具，通过拖管将储存在田间地头的储液罐/沼液池中的有机液肥输送至施肥机具进行洒施还田。根据挂载的施肥机具，还田方式可为直接喷洒式，或为浅/深施式。该还田方式不需配备罐车，但由于拖拉机带动拖管在田地上作业，对田地平整度、连续性要求高，且作业距离受限，拖管滑动易损伤植被。

◆ **相关生产企业**

北爱尔兰SlurryKat公司、美国HYDRO Engineering公司等。

北爱尔兰SlurryKat公司液肥洒施配备拖管（图4-31）主要技术参数：

名　称	单 位	参　数	
		OROFLEX 20 SK	OROFLEX 320 SK
适用类型		液肥洒施和灌溉	液肥洒施
作业距离	m	200	最大400
拖管直径	mm	102 ~ 203	102 ~ 203
平均弯曲半径	mm	1 600 ~ 2 500	1 600 ~ 2 500
重量	kg/m	1.3 ~ 3.3	1.3 ~ 2.7

图4-31　北爱尔兰SlurryKat公司液肥撒施配备拖管

第五章 农业废弃物肥料化利用范例

本章根据当前我国农业废弃物肥料化利用主要生产模式，结合利用不同原材料生产有机肥列出典型范例，以供参考。

5.1 山东沃泰生物科技有限公司蔬菜秸秆、畜禽粪便机械化槽式发酵生产有机肥范例

◆ **项目概况**

本项目基地位于山东省青州市谭坊镇东山工业园，于2015年2月开始实施，由山东省农业机械科学研究院畜牧机械技术研发中心总体规划设计。占地5.67hm^2（包括原料车间、粉碎车间、陈化车间、自动化生产车间、混料车间、包装车间、成品库和实验室、综合办公大楼等），建设总投资9 000余万元，设计规模为年无害化处理循环利用畜禽粪便30万t，蔬菜秸秆50万t，年产高品质生物有机肥20万t，是目前国内最大的利用畜禽废弃物和蔬菜秸秆制造生物有机肥的基地。

◆ 生产工艺流程

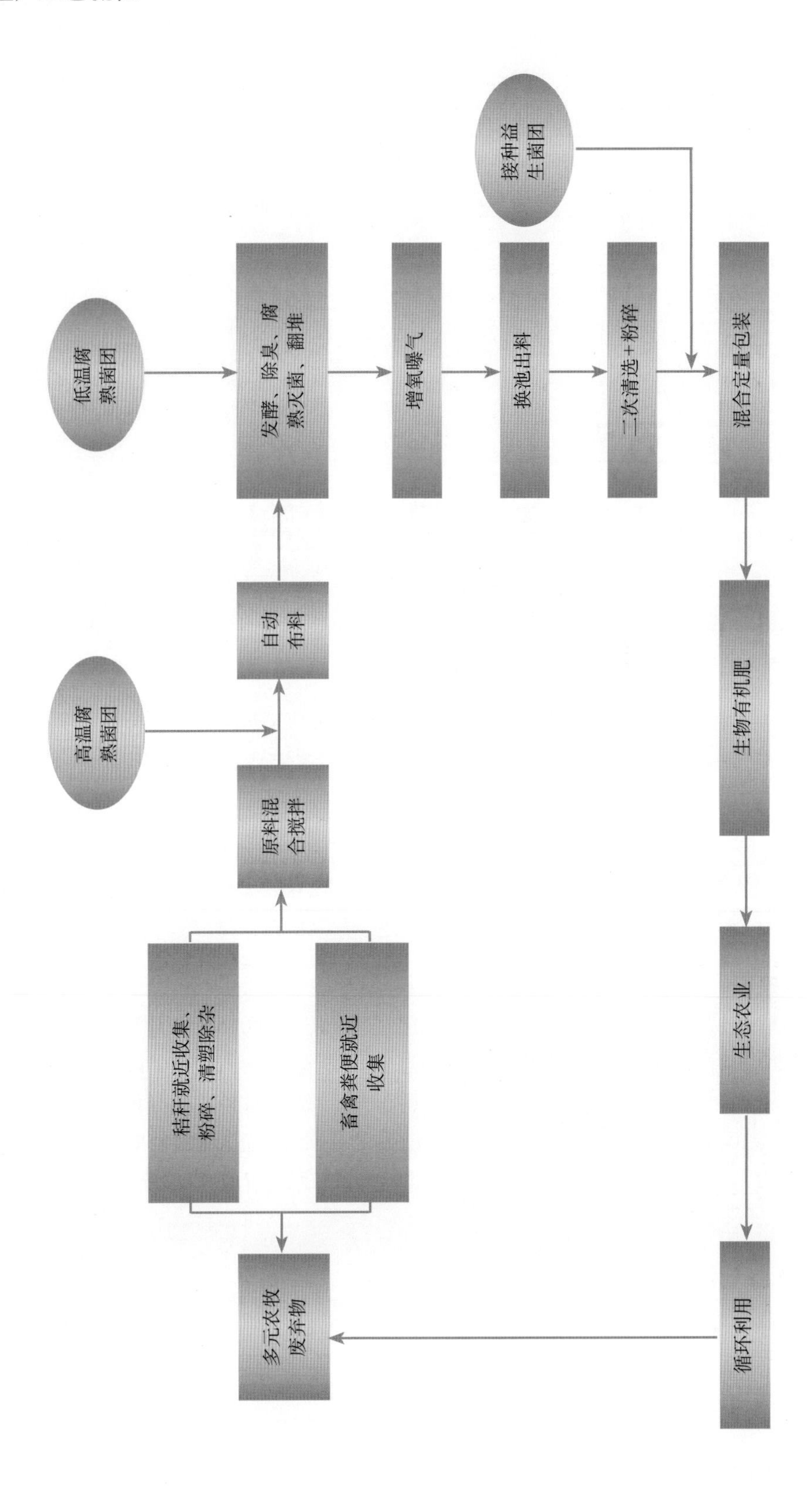
多元农牧废弃物
秸秆就近收集、粉碎、清塑除杂
畜禽粪便就近收集
原料混合搅拌
高温腐熟菌团
自动布料
低温腐熟菌团
发酵、除臭、腐熟灭菌、翻堆
增氧曝气
换池出料
二次清选+粉碎
接种益生菌团
混合定量包装
生物有机肥
生态农业
循环利用

◆ 每道工序配套设备清单

车　间	序　号	设备名称	规　格	数　量	用　途	工艺参数
原料预处理车间	1	秸秆粉碎机	LSD-7000，164.7kW	3台	秸秆原料预处理	生产能力：8 ~ 12t/h；粉碎粒径：2 ~ 5cm
发酵车间	2	螺旋切割泵（牛粪）	DGSX-3.0，5.5kW	1台	有机肥原料（牛粪浆）的定量给料	生产能力：5t/h；生产方式：间断
	3	秸秆定量给料机	DGSX-3.0，7.5kW	1台	辅料的定量给料	生产能力：8t/h；生产方式：间断
	4	辅料配料皮带机	DT800，3kW	1台	输送辅料	输送量：$40m^3/h$；带宽：800mm；带速：0.8m/s；长度：6 000mm
	5	汇合皮带机	DT800，3kW	1台	输送辅料进混合机	输送量：$40m^3/h$；带宽：800mm；带速：0.8m/s；长度：13 000mm
	6	双轴桨叶混合机	HSJ600，30kW	1台	对发酵原料进行混合	生产能力：30 ~ 40t/h；生产方式：间断；物料粒度：≤ 20mm
	7	1#菌液喷洒系统	0.5kW	1套	主辅料混合时喷洒	液体输送量根据喷头数量可调
	8	分料器	DY800，3.3kW	1台	可旋转任意角度，将物料分别输送至各个上料皮带机	输送量：$40m^3/h$；带宽：800mm；带速：0.8m/s
	9	分料皮带机	DT800，5.5kW	1台	将物料输送至较远的车间	输送量：$60m^3/h$；带宽：800mm；带速：0.8m/s
	10	上料皮带机	DT800，4kW	3台	三个车间各一台	输送量：$60m^3/h$；带宽：800mm；带速：0.8m/s
	11	上料皮带机平台		3件	固定摆放上料皮带机等	
	12	摆动皮带机	DT800，4kW	3台	三个车间各一台	输送量：$60m^3/h$；带宽：800mm；带速0.8m/s

（续）

车　间	序　号	设备名称	规　格	数　量	用　途	工艺参数
发酵车间	13	带式穿梭布料机	BDC800，9kW	3套	自动将物料均匀布置于发酵池内	纵向行走：跨度20m（10m×2），行走速度5～25m/min 横向穿梭皮带机：原料组成为混合后发酵料；输送量：60m³/h；带宽：800mm；带速：0.8m/s
	14	链板翻堆机	FG25×40，33kW	3台	对发酵池内物料进行翻堆	纵向行走：跨度10m，行走速度1～5m/min，电磁调速 横向移动小车：跨度6m，行走速度5m/min； 翻堆链板：宽度2.35m，长度3.8m，翻堆速度100～300m³/h
	15	2#菌液喷洒系统	0.5kW	3套	翻堆机翻堆时喷洒	液体输送量根据喷头数量可调
	16	换池出料机	HC100，9kW	3台	将发酵好的有机肥从发酵池送至汇合皮带机	原料组分：有机肥；生产能力：60m³/h
	17	堆氧曝气系统	DQSR125，7.5kW	6套	定时曝气	曝气周期及时长可调，根据发酵料温度及时曝气
	18	轻轨	P22	1026m	链板式翻堆机、带式穿梭布料机、换池出料机的行走	规格：22kg/m；材质：碳钢
	19	出料汇合皮带机	DT800，5.5kW	3台	发酵后物料（换池出料机输送出来）输送	原料组分：发酵后物料；输送量：60m³/h；带宽：800mm；带速：0.8m/s
分选包装车间	20	发酵料定量给料机	DGS，7.5kW	1台	发酵后有机肥的定量给料	原料组分：发酵及陈化后的物料；生产能力：10t/h；生产方式：连续；物料粒度：≤6mm
	21	筛分进料皮带机	DT800，4kW	1台	将物料输送至筛分机	原料组分：发酵后有机物料；输送量：40～80m³/h；带宽：800mm；带速：0.8m/s

（续）

车　间	序　号	设备名称	规　格	数　量	用　途	工艺参数
分选包装车间	22	滚筒筛分机	GS18×60，15kW	2台	将物料筛分至2mm以下	原料组分：发酵后的有机物料；筛分机筒径：1 800mm；筒长：6 500mm；物料粒度：≤6mm
	23	返料皮带机	DT500，2.2kW	1台	将大块物料输送至有机肥粉碎机	原料组分：发酵后有机物料；输送量：20m³/h；带宽：500mm；带速：0.8m/s
	24	粉碎进料皮带机	DT800，3kW	1台		原料组分：发酵分选后的有机物料；输送量：40m³/h；带宽：800mm；带速：0.8m/s
	25	有机肥粉碎机（半湿物料粉碎机）	SFS1100，45kW	1台	发酵后的物料成段及大块破碎	原料组分：发酵后的有机物料；破碎能力：10～13t/h；最大进料粒度：120mm；出料粒度：0.5～2.5mm；主轴转速：900r/min
	26	粉料皮带机	DT800，4kW	1台	将粉料输送至混合机	原料组分：发酵后有机物料；输送量：60m³/h；带宽：800mm；带速：0.8m/s
	27	双轴螺旋搅拌机	LSWJ50，18.5kW	1台	筛分后的有机肥加菌液搅拌	原料组分：发酵后有机肥、菌液；生产能力：10～12t/h；生产方式：间断；物料粒度：≤20mm
	28	3#菌液喷洒系统	0.5kW	1套	喷洒至双轴螺旋搅拌机中	液体输送量根据喷头数量可调
	29	搅拌出料皮带机	DT800，4kW	1台	将混匀后的物料输送至包装系统	原料组分：有机肥成品；输送量：40m³/h；带宽：800mm；带速：0.8m/s
	30	粉料自动包装系统	自动包装机 LCS-50BZF，4kW 链带式给料机 DLT650，1.5kW	1套	包装	生产能力：≤10～15t/h；称重范围：25～50kg；精度：±（0.1%～0.5%）；包装速度：150～300袋/h；皮带运行速度：3.6～18m/min

5.2 太仓绿丰农业资源开发有限公司稻麦秸秆、畜禽粪便机械化条垛式发酵生产有机肥范例

◆ **项目概况**

本项目基地位于江苏省太仓市浮桥镇新邵村，于2015年2月开始实施。占地10.67hm^2(包括原料堆放车间、原料发酵车间、自动化生产车间、成品库、实验室和综合办公大楼等)，建设总投资1.5亿元，设计规模为年无害化处理循环利用畜禽粪便15万t，稻麦秸秆3万t，年产高品质生物有机肥9万t，是目前全江苏最大的利用畜禽废弃物和稻麦秸秆制造生物有机肥的基地。

◆ **生产工艺流程**

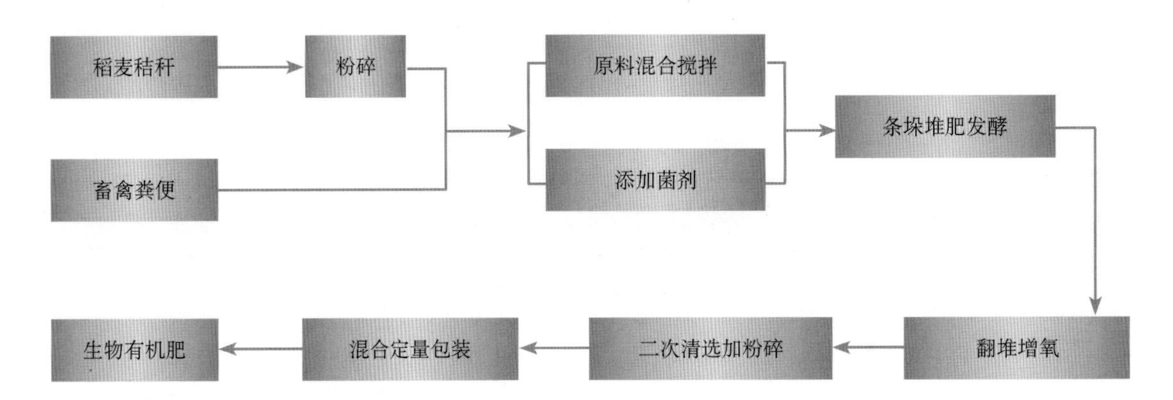

◆ **每道工序配套设备清单**

车　间	序　号	设备名称	规　格	数　量	用　途	工艺参数
原料预处理车间	1	粉碎机	SH-ZLFS480	1台	秸秆的预处理	20t/h
	2	综合破碎机	SH-ZLPS1280	1套	秸秆的细化粉碎	15t/h
发酵车间	3	铲车	Zl10、Zl18、Zl20、Zl926、Zl930、LG-8333BG	6台	原料的堆放	200m³/h
	4	翻抛机	LYFP280	1台	原料的翻抛发酵	300m³/h
成品包装车间	5	筛料机	SH-ZLSL2440	1套	半成品的筛检	20t/h
	6	输送机	LF-1	3台	半成品的输送	20t/h
	7	制粒机	FCY-55	1台	半成品的塑形	7t/h
	8	自动包装	皮带双头秤、TId-P50/W皮带包装机	2套	成品货物的包装	10t/h
	9	叉车	FD30T	1台	成品货物的堆放	起重量3t

（续）

车 间	序 号	设备名称	规 格	数 量	用 途	工艺参数
运输设备	10	重型汽车	楚胜CSC5160ZDJD4压缩式对接垃圾车	5辆	成品货物的运输	核定载重量7t
			程力威CLW5161ZDJD5			核定载重量7t
			十通STQ3315L13Y7DS24自卸汽车			核定载重量16t
			豪曼ZZ3168G17DBO自卸汽车			核定载重量8t
			福田BJ3143DJJEA-FA			核定载重量7t

5.3 海门兴农生物科技公司利用牛粪、农作物秸秆机械化生产有机肥范例

◆ 项目概况

该项目于2007年3月实施，基地位于海门市三和镇三江村七组。占地1.13hm^2（包括原料堆放场地、原料发酵车间、自动化生产车间、成品库、实验室），建设总投资2 000万元，规模为年产有机肥1万～2万t。

◆ 生产工艺流程

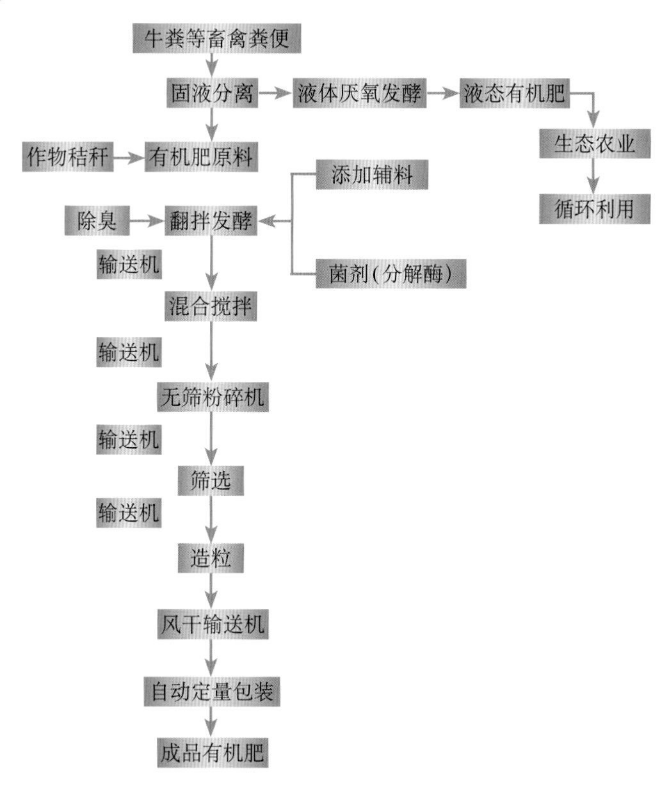

◆ 每道工序配套设备清单

序号	设备名称	型号	数量	用　途	工艺参数
1	翻抛机	9FP-5A	1	把物料在翻抛槽内均匀破碎、翻抛、好氧发酵	功率：26 ~ 35kW 效率：1 ~ 2m/min
2	移位机	9FYZ-A	1	在多条发酵槽的情况下，利用移位机进行翻抛机移动，进行破碎、翻抛、好氧发酵，节约翻抛机的数量	功率：2.2kW
3	6m裙边输送机	9QBSS-6	1	把物料输送至下道设备加工，减少人工	功率：3 ~ 4kW 效率：5 ~ 10t/h
4	混合搅拌机	9HFSJ-2000	1	把物料和辅料充分搅拌混合均匀	功率：15 ~ 22kW 效率：3 ~ 5t/h
5	6m裙边输送机	9QBSS-6	1	把物料输送至下道设备加工，减少人工	功率：3 ~ 4kW 效率：5 ~ 10t/h
6	无筛粉碎机	9FW-900	1	把物料精细粉碎	功率：15 ~ 22kW 效率：5 ~ 10t/h
7	7m裙边输送机	9QBSS-7	1	把物料输送、提升至下道设备加工，减少人工	功率：3 ~ 4kW 效率：5 ~ 10t/h
8	圆筒分级筛	9FY-1000	1	把物料分拣、筛选，粗细分离	功率：4 ~ 7.5kW 效率：5 ~ 10t/h
9	7m裙边输送机	9QBSS-7	1	把物料输送、提升至下道设备加工，减少人工	功率：3 ~ 4kW 效率：5 ~ 10t/h
10	平模制粒机	9ZL-400	1	把筛选后的精细物料制成圆柱状颗粒	功率：7kW 效率：1 ~ 2t/h
11	7m裙边输送机	9QBSS-7	1	把物料输送、提升至下道设备加工，减少人工	功率：3 ~ 4kW 效率：5 ~ 10t/h
12	自动包装机	9QBS6-C60	1	把成品自动称重装袋、缝包	功率：4 ~ 7.5kW 效率：2 ~ 3t/h
13	控制、操作电柜		1	控制整个有机肥生产的操作系统	
14	装载机	ZL928A、ZL930	2	原料的堆放	200m³/h
15	叉车	FD30T	1	成品货物的堆放	起重量3t

5.4 湖北宇祥楚宏生物科技有限公司利用秸秆、谷壳粉、鸡粪机械化生产有机肥范例

◆ **项目概况**

本项目基地位于湖北省荆州市川店镇太阳村，于2012年10月开始实施。占地面积为8hm^2，公司设有30万只蛋鸡养殖基地（约5.33hm^2）、有机肥生产基地（原料仓库、发酵车间、半成品堆放发酵车间、粉碎分筛车间、包装及成品车间和实验室等），公司总投资4 500万元。常年无害化处理本公司养殖场及周边养殖场鸡粪10万t，秸秆、谷壳粉1.5万t，年生产成品生物有机肥5万t。

◆ **生产工艺流程**

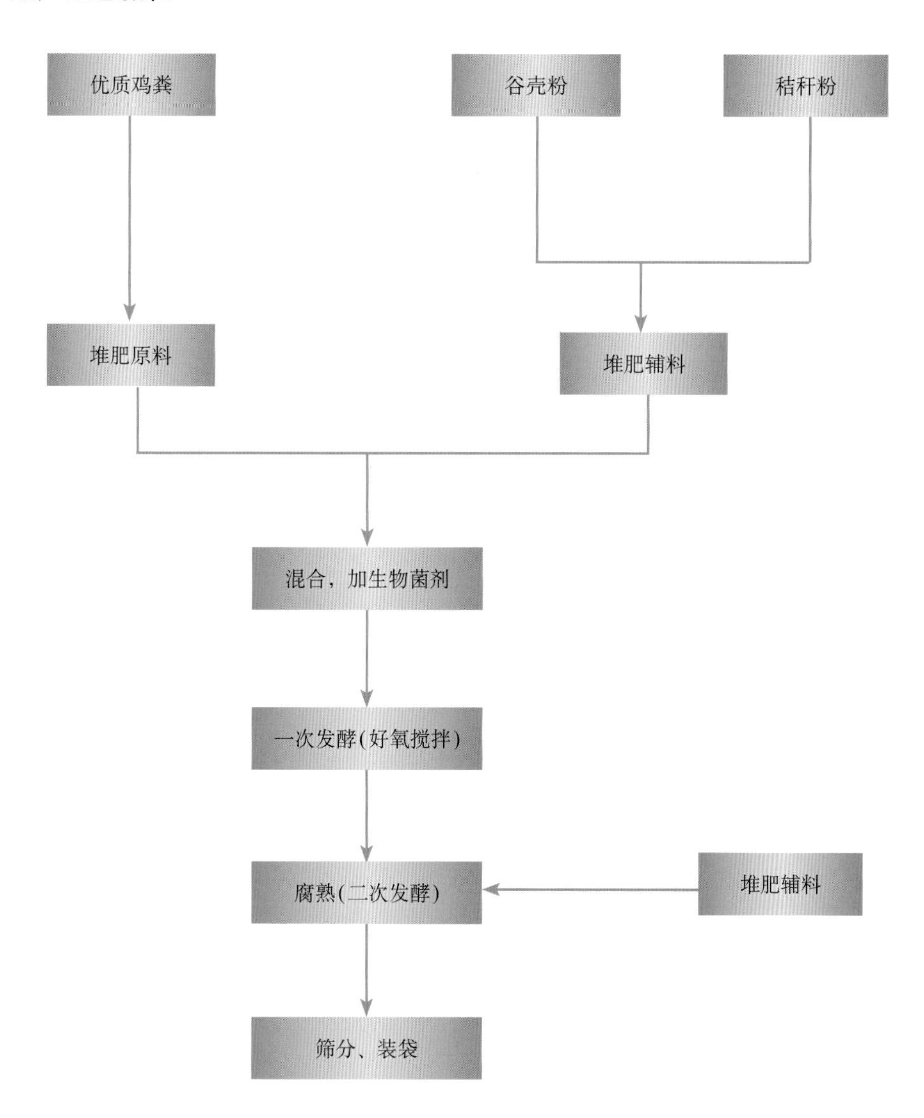

◆ 每道工序配套设备清单

车　间	序号	设备名称	规　格	数量	用　途	工艺参数
肥料预处理车间	1	装卸车	ZL10、ZL930、LG-51588XD	3台	原料转堆，半成品转运	120m³/h
	2	吸粪车	福田BJ50256DJJG-OP	1台	粪便收集	5t/h
发酵车间	3	洗盘式翻抛机	B 5000	1台	翻抛发酵	90t/d
包装车间	4	立式搅拌机	20t/h	1台	预混搅拌	50t/h
	5	破碎机	8t/h	1台	破碎结块	50t/h
	6	分筛机	6#	1台	筛离杂质	60t/h
	7	造粒设备	HBY-65	1台	粉状塑形成圆粒	15t/h
	8	自动包装机	SD-K189765	1台	成品包装	16t/h
	9	皮带传送机	5000 × 15m	1台	成品运输上车	15t/h
实验室仪器	10	菌种培养室		1		
	11	电子分析天平	FA2014N	1台	检验分析	
	12	电子分析天平	2000g/0.01g	1台	检验分析	
	13	自动定氮仪	KDN-20	1台	检验分析	
	14	火焰光度计	6400A	1台	检验分析	
	15	酸度计	PHS-3C	1台	检验分析	
	16	真空干燥箱	DFZ-6020	1台	检验分析	

图书在版编目（CIP）数据

农业废弃物肥料化利用范例和装备选型/陈永生，吴爱兵主编. — 北京 ：中国农业出版社，2019.12
ISBN 978-7-109-26388-8

Ⅰ.①农… Ⅱ.①陈… ②吴… Ⅲ.①农业废物－造肥－研究 Ⅳ.①S147.1

中国版本图书馆CIP数据核字（2019）第282196号

中国农业出版社出版
地址：北京市朝阳区麦子店街18号楼
邮编：100125
责任编辑：孟令洋　郭晨茜
责任校对：吴丽婷
印刷：北京通州皇家印刷厂
版次：2019年12月第1版
印次：2019年12月北京第1次印刷
发行：新华书店北京发行所
开本：787mm × 1092mm　1/16
印张：6.25
字数：200千字
定价：60.00元

版权所有 · 侵权必究
凡购买本社图书，如有印装质量问题，我社负责调换。
服务电话：010 - 59195115　010 - 59194918